Einführung ganzer Zahlen

1 Fülle die Lücken aus und beschrifte die Pfeile.

a)

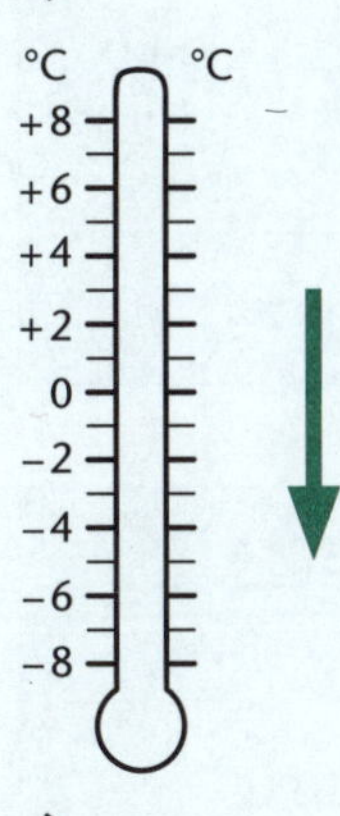

Um 17.00 Uhr betrug die Temperatur ________,
um 20.00 Uhr betrug die Temperatur ________.
Sie ist um 8 °C gefallen.

b)

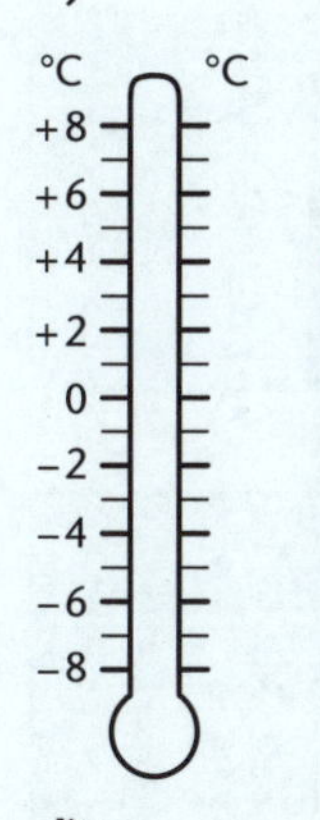

Um 5.00 Uhr betrug die Temperatur ________,
um 8.00 Uhr betrug die Temperatur ________.
Sie ist um ________ ________.

c)

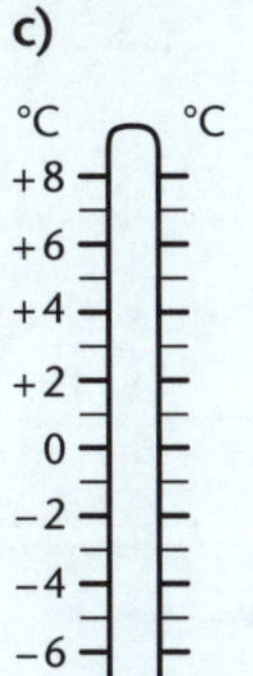

Um 6.00 Uhr betrug die Temperatur –2 °C,
um 10.00 Uhr betrug die Temperatur +7 °C.
Sie ist um ________ ________.

d)

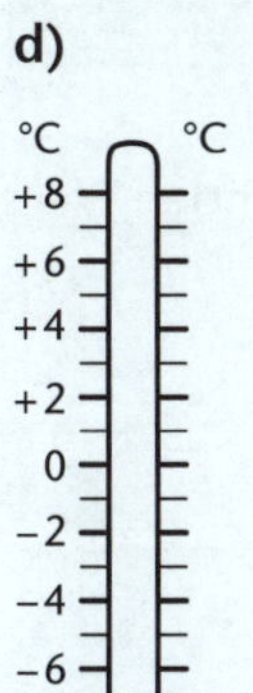

Nachmittags betrug die Temperatur ________,
sie ist um ________ ________.
Die Abendtemperatur betrug ________.

2 Fülle die Lücken aus.

a) 4 °C $\xrightarrow{\quad}$ –3 °C **b)** 12 € $\xrightarrow{-17\,€}$ ☐ **c)** ☐ $\xrightarrow{+5\,°C}$ –8 °C

d) ☐ $\xrightarrow{+25\,€}$ 12 € **e)** –1 °C $\xrightarrow{-7\,°C}$ ☐ **f)** –81 € $\xrightarrow{\quad}$ –18 €

g) 2 € $\xrightarrow{-42\,€}$ ☐ **h)** –4 € $\xrightarrow{\quad}$ 22 € **i)** ☐ $\xrightarrow{-16\,°C}$ 0 °C

3 Trage die Zahlen auf der Zahlengeraden ein. 7; –6; 0; |–3|; –3; 6; 1; –1; |4|, –2

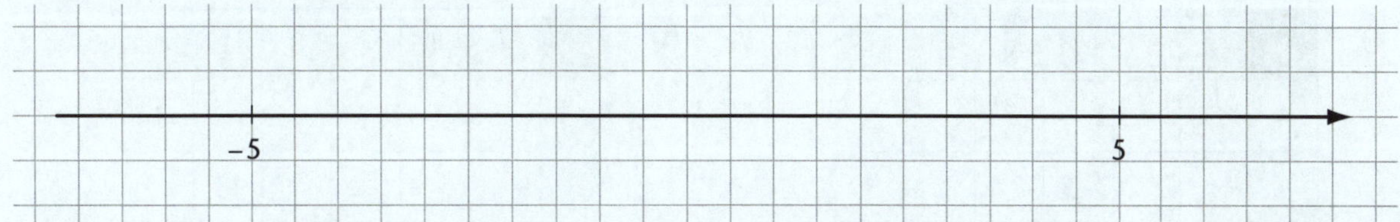

4 Trage in die Lücken die Zahl ein, die auf der Zahlengeraden in der Mitte zwischen beiden Zahlen liegt.

a) –5 ☐ +3 **b)** –8 ☐ –2 **c)** –4 ☐ +6 **d)** –7 ☐ 9

e) 4 ☐ –4 **f)** –5 ☐ –3 **g)** –20 ☐ –12 **h)** +2 ☐ –1

Addition und Subtraktion ganzer Zahlen 1

1 Vervollständige die Kontoauszüge.

a)

Alter Kontostand:	1370 €
Buchung:	−1405 €
Neuer Kontostand:	

b)

Alter Kontostand:	−234 €
Buchung:	
Neuer Kontostand:	−127 €

c)

Alter Kontostand:	
Buchung:	+788 €
Neuer Kontostand:	−113 €

d)

Alter Kontostand:	−324 €
Buchung:	
Neuer Kontostand:	−1104 €

2 Fülle die Lücken aus, ergänze die fehlenden Pfeilspitzen und notiere die Aufgabe darunter.

−(6)

−4 2

2 − 6 = −4

a)

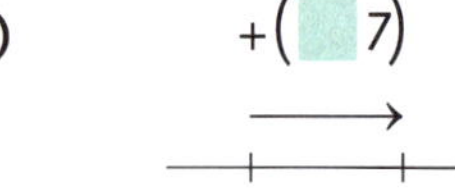

b)

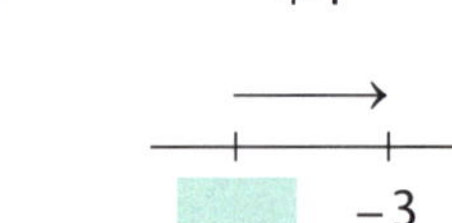

c)

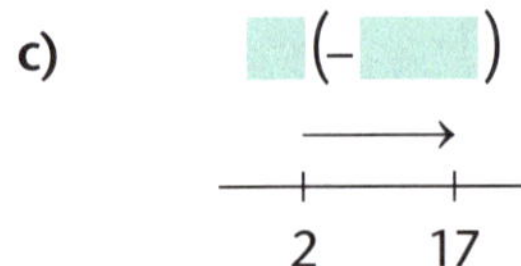

d)

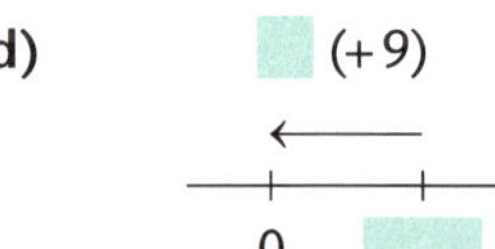

e)

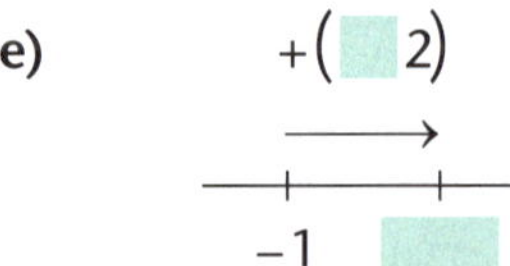

f)

(+)

−17 −8

g)

+(−8)

−1

h)

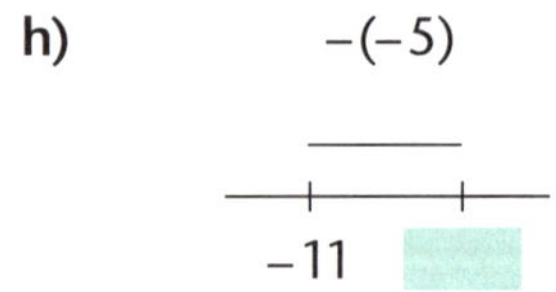

3 Fülle aus.

a)

+	−6	7	−11		−1	
4				7		
			−5			
−9						
−16						
			−1			−7
12						

b)

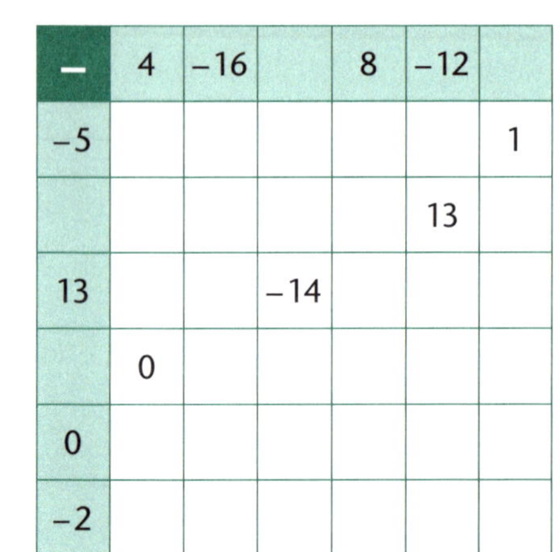

−	4	−16		8	−12	
−5						1
					13	
13			−14			
	0					
0						
−2						

Addition und Subtraktion ganzer Zahlen 2

1 Ergänze.

a) −4 + (−6) = ___ b) 13 + ___ = 4 c) ___ − (−7) = −7

d) ___ + 23 = 5 e) 13 − (−15) = ___ f) −12 − ___ = −1

g) −4 − ___ = 4 h) ___ − (+11) = 0 i) −7 − (+15) = ___

2 In den Pyramiden kommen Addition und Subtraktion vor.

a)
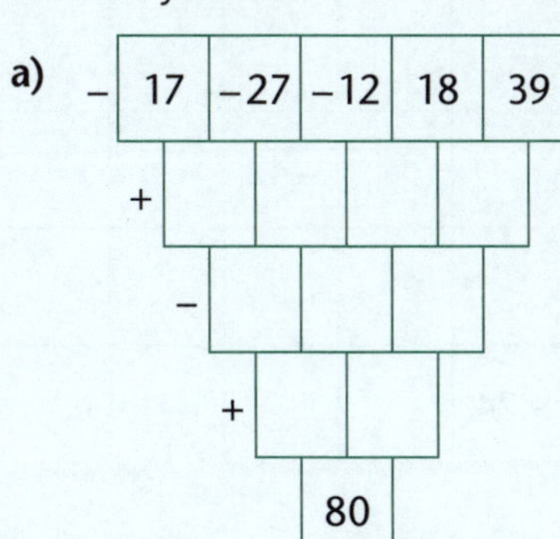

b)
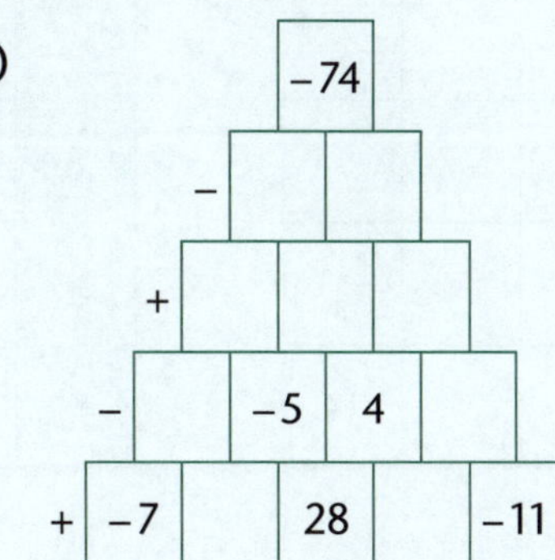

c)
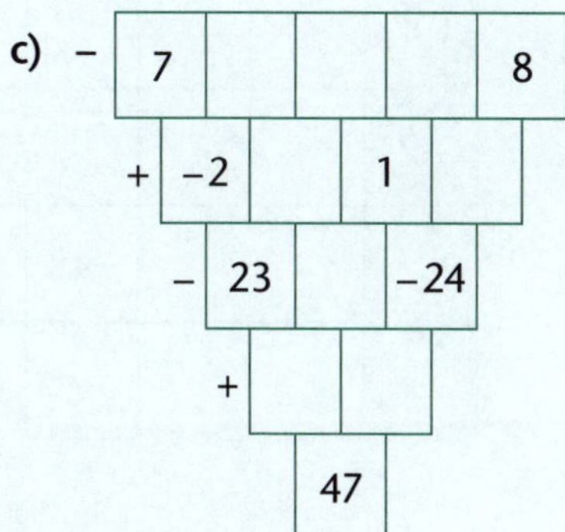

3 Löse die Aufgaben wie im Beispiel.

(−31) + (−7) − (+12) − (−16)

= *−31 − 7 − 12 + 16*

= *−34*

a) 88 − (+74) − (−19) + 28

= ___

= ___

b) (−42) − (+18) − (−60)

= ___

= ___

c) (−27) − (−34) + (−17)

= ___

= ___

d) 12 + (−16) − (+4) − (−38)

= ___

= ___

e) (−19) − (−20) + (−13) − (−13)

= ___

= ___

Lösungen: −10; 0; 1; 30; 61

4 Gib den Term an und berechne seinen Wert.

a) Subtrahiere die Summe von −4 und 6 von 1:  ___ = ___ = ___

b) Addiere die Differenz von −3 und −5 zu −2:  ___ = ___ = ___

c) Subtrahiere von der Summe von −6 und 12 die Zahl −22:  ___ = ___ = ___

d) Addiere zur Summe von −2 und 3 die Zahl −12:  ___ = ___ = ___

Multiplikation und Division ganzer Zahlen 1

1 Fülle aus.

a)

·	−1	−10	8	−12		7
5						
−2						
14						
−7					−7	
			−48			
						14

b)

:	−2	3			−6	−1
−60						
12			−3			
					2	
−84				−42		
36						
		−24				

2 Ergänze die fehlenden Zeichen (<, >, =, +, −).

a) $(-7)\cdot 8$ ▢ $(-8)\cdot 7$

b) $(-5)\cdot(-3)\cdot(-2)$ ▢ $(-5)\cdot(-3)\cdot(-1)$

c) $(-9)\cdot(-7)$ ▢ -63

d) $(-12)\cdot(-10) < (-12)\cdot($ ▢ $11)$

e) ▢ $9\cdot(-4) > ($ ▢ $6)\cdot 6$

f) $(-60):12$ ▢ $72:(-12)$

g) $(-3)\cdot 3 < (-9):($ ▢ $3)$

h) $(-17):(-1)^5$ ▢ $17:(-1)^6$

i) $(-2)^5$ ▢ $(-2)^4$

k) -3^5 ▢ $(-3)^5$

3 In den Pyramiden kommen Multiplikation und Division vor.

a)

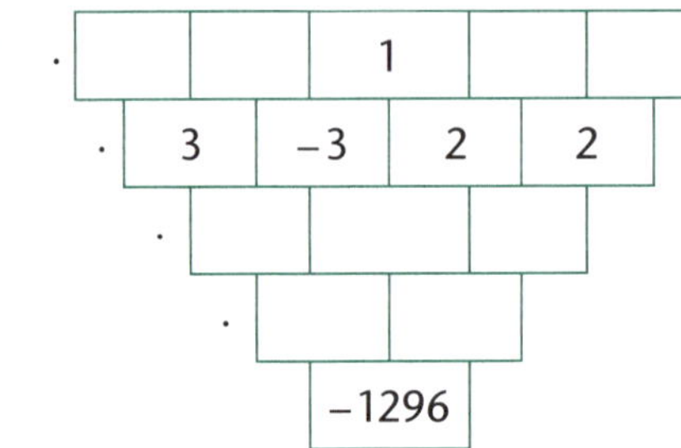

b)

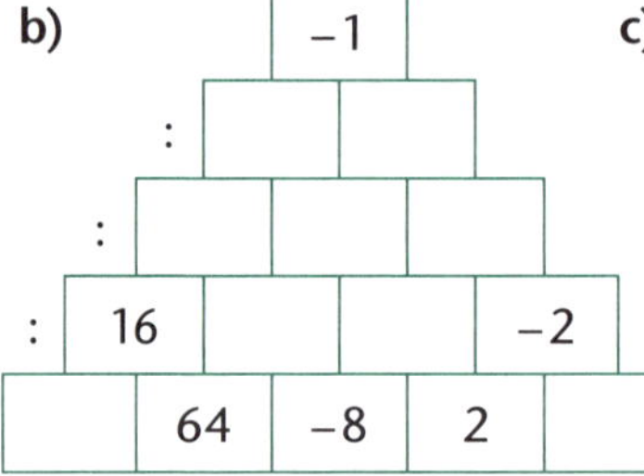

c)

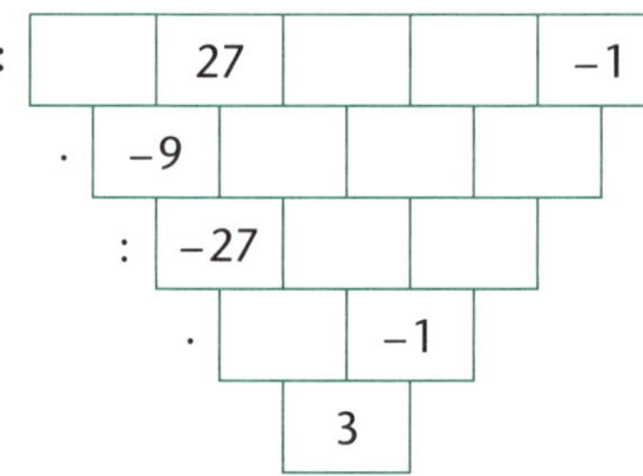

4 Setze Klammern und Rechenzeichen (: oder ·) sowie fehlende Vorzeichen so, dass die Gleichung wie im Beispiel richtig wird.

$(+12):((+21):(-7)) = -4$

a) $(-12)\quad(-7)\quad(-4) = \quad 21$

b) $(+81)\quad(+27)\quad(\ \ 3)\quad = +9$

c) $(\ \ 81)\quad(+27)\quad(-3)\quad = (-1)$

d) $(-12)\quad(-6)\quad(\ \ 3)\quad = (-24)$

e) $(+12)\quad(+6)\quad(\ \ 3)\quad = (+6)$

f) $(-8)\quad(\ \ 4)\quad(-2)\quad = +64$

g) $(-8)\quad(-4)\quad(+2)\quad = \quad 1$

h) $(\ \ 8)\quad(-2)\quad(-2)\quad = -2$

i) $(\ \ 5)\quad((-5)\quad(-5)) = 5$

k) $(-5)^2\quad(\ \ 3) = -75$

l) $(-2)^9\quad(\ \ 2) = -1024$

Multiplikation und Division ganzer Zahlen 2

1 Ergänze.

a) ____ $\cdot(-16) = 96$ **b)** $(-13)\cdot$ ____ $= 169$ **c)** $(-14)\cdot 7 =$ ____

d) $(-5)\cdot$ ____ $= 60$ **e)** ____ $\cdot 4 = -56$ **f)** $(-8)\cdot(-20) =$ ____

g) $(-98):$ ____ $= 7$ **h)** ____ $:(-15) = -6$ **i)** $(-128):(-8) =$ ____

k) $289:(-17) =$ ____ **l)** $108:$ ____ $= 12$ **m)** ____ $:19 = -10$

2 Rechne geschickt. Orientiere dich an dem Beispiel.

$(-20)\cdot 48\cdot(-5)$

= *$(-20)\cdot(-5)\cdot 48$*

= *$100\cdot 48$*

= *4800*

a) $(-125)\cdot(-17)\cdot(-8)$

= ____

= ____

= ____

b) $(-2)\cdot 25\cdot(-4)\cdot 50$

= ____

= ____

= ____

c) $(-75)\cdot 7\cdot(-6)$

= ____

= ____

= ____

d) $40\cdot(-13)\cdot 5$

= ____

= ____

= ____

e) $(-29)\cdot(-8)\cdot 25$

= ____

= ____

= ____

3 Das Minuszeichen benötigt ein eigenes Feld.

1		2	3		4	5		6
		7						
8					9			
		10		11	12	13		
	14		15					
16								
17				18				

waagerecht

1) $(-2)^{10}$
4) -15^2
7) $(-1003)\cdot(-20)$
8) $-(-10)^3$
9) $(-5)\cdot 10000:((-40):4)$
11) $(-5)^2\cdot(-50)$
14) $-4\cdot 109\cdot(-25)\cdot(-9)$
16) $(-40)\cdot(-5000):(-20)$
17) $-83\cdot(-1)^7$
18) $(-11)\cdot(-202)$

senkrecht

1) $(-2)\cdot(-55555)$
2) $(-242):(-11)$
3) $(-2)^2\cdot(-10)^4$
4) $(-1)^3\cdot(-5)^4$
5) $(-10)^2:5$
6) $(-5)\cdot(-111)\cdot(-10)^5\cdot(-1)$
10) $(-2)\cdot 5\cdot(-29)$
11) $(-3)\cdot(-17)\cdot(-2)$
12) $(-2)\cdot 167\cdot(-3)$
13) $(-2)\cdot(-5)\cdot 2$
14) $169:(-13)$
15) $(-2)^4\cdot 5$
16) $(-2)^3$

Termberechnungen mit Rechenbaum

1 Berechne die Terme. Nutze den Rechenbaum als Hilfe, indem du die richtigen Felder ausfüllst und die richtigen Verbindungen einzeichnest.

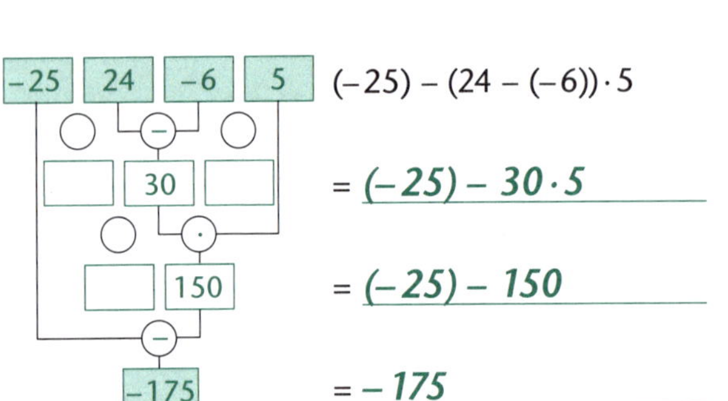

$(-25) - (24 - (-6)) \cdot 5$

$= (-25) - 30 \cdot 5$

$= (-25) - 150$

$= -175$

a)

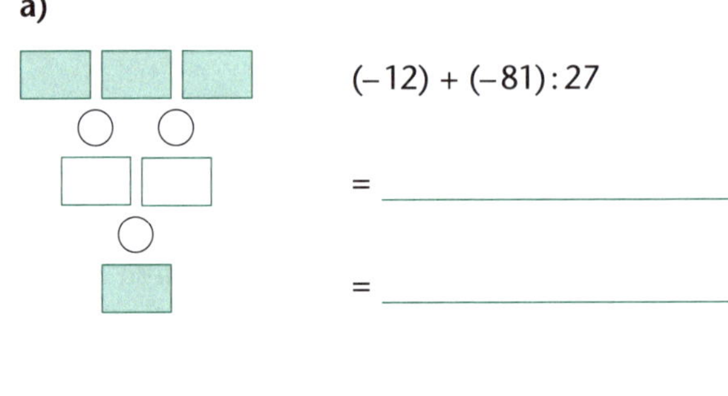

$(-12) + (-81) : 27$

= ______

= ______

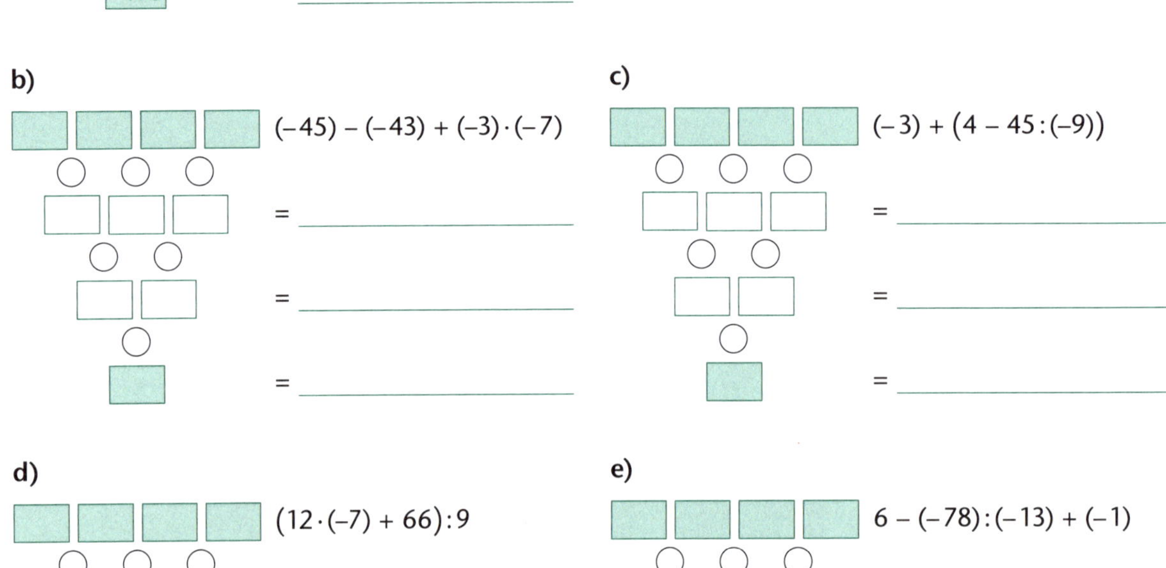

b) $(-45) - (-43) + (-3) \cdot (-7)$

= ______

= ______

= ______

c) $(-3) + (4 - 45 : (-9))$

= ______

= ______

= ______

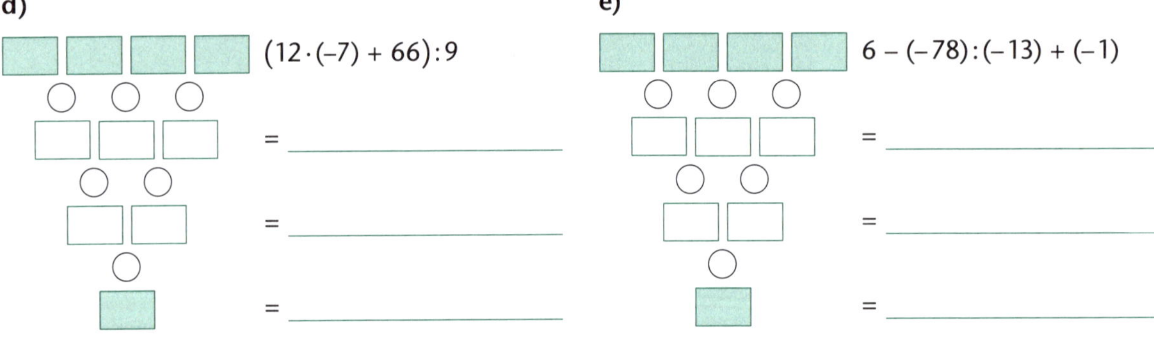

d) $(12 \cdot (-7) + 66) : 9$

= ______

= ______

= ______

e) $6 - (-78) : (-13) + (-1)$

= ______

= ______

= ______

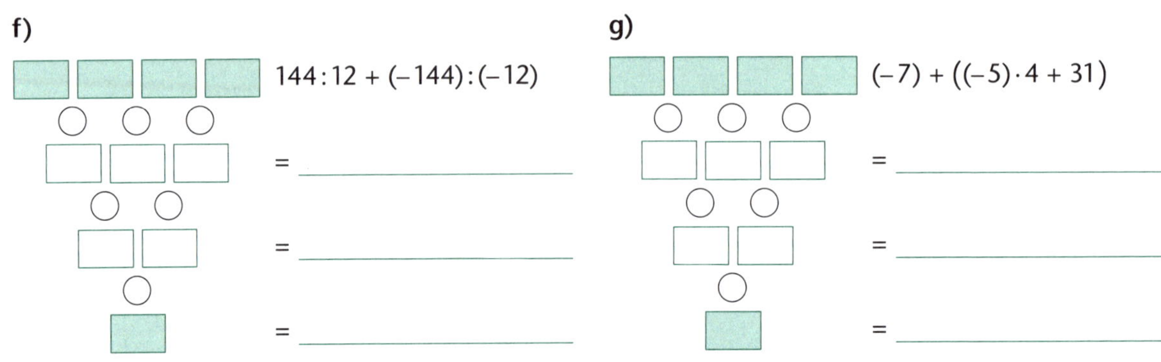

f) $144 : 12 + (-144) : (-12)$

= ______

= ______

= ______

g) $(-7) + ((-5) \cdot 4 + 31)$

= ______

= ______

= ______

Lösungen: –15; –2; –1; 4; 6; 19; 24

Term – Text – Rechenbaum

1 Ergänze die fehlenden Teile. Berechne den Term mithilfe des Rechenbaums.

a) Term: ____________

Text: Multipliziere die Summe von minus 11 und vier mit minus 6

Rechenbaum:

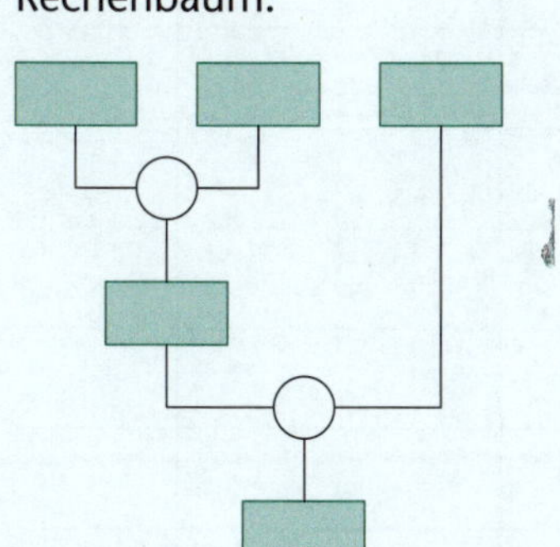

b) Term: ____________

Text: ____________

Rechenbaum:

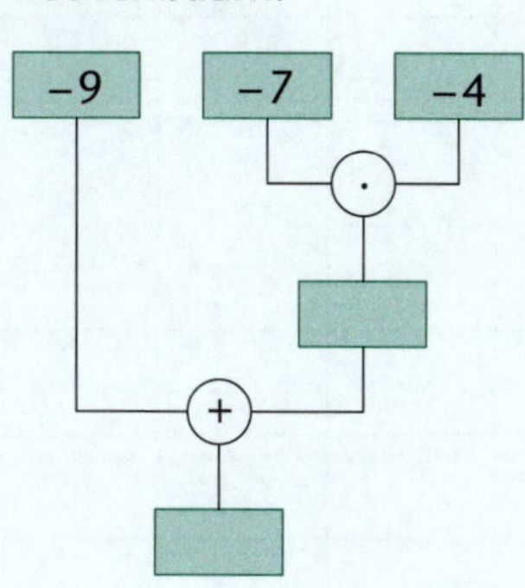

c) Term: $((-24) - (-23)) \cdot 7$

Text: ____________

Rechenbaum:

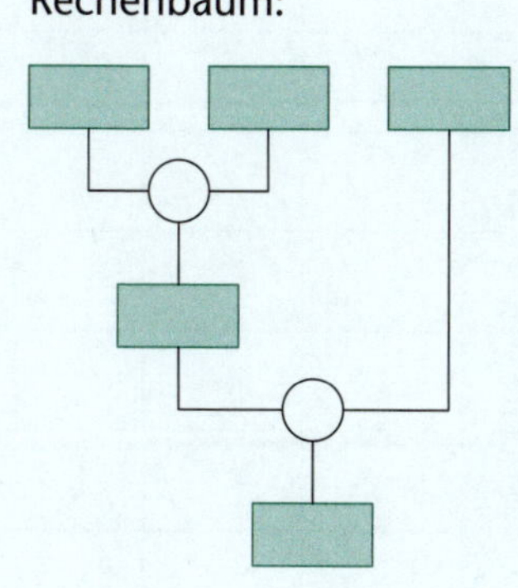

2 Übersetze die Terme und berechne sie wie im Beispiel angegeben. Finde das Lösungswort.

Dividiere −60 durch die Summe von −4 und −8. $\quad (-60):((-4)+(-8)) = (-60):(-12)$
$= 5$ $\quad$ D U

a) Multipliziere −60 mit der Summe von −4 und 8. ____ = ____ = ____

b) Subtrahiere die Differenz von −4 und 8 von −60. ____ = ____ = ____

c) Addiere das Produkt von −4 und −8 zu 60. ____ = ____ = ____

d) Addiere zu 60 das Produkt von 4 und −8. ____ = ____ = ____

e) Dividiere −60 durch die Differenz von 4 und 8. ____ = ____ = ____

f) Dividiere die Summe von −60 und 4 durch 8. ____ = ____ = ____

g) Dividiere die Differenz von −60 und −4 durch −8. ____ = ____ = ____

h) Multipliziere den Quotienten von 60 und −4 mit −8. ____ = ____ = ____

92	$(-60):((-4)+(-8))$	−240	$(-60)\cdot((-4)+8)$	−48	$60+4\cdot(-8)$	$(-60)-((-4)-8)$	$60+(-4)\cdot(-8)$	5
I	D	I	B	T	N	S	E	U

120	$((-60)-(-4)):(-8)$	28	$(-60):(4-8)$	15	$60:(-4)\cdot(-8)$	7	$((-60)+4):8$	−7
G	K	M	A	T	N	I	H	E

Lösungswort: ____________

Teiler und Vielfache

1 Kreuze in der Tabelle für jede Zahl an, ob sie den links stehenden Teiler hat.

Teiler	42	54	56	100	120	144	168	225	252	280	504
2											
3											
4											
5											
6											
7											
8											
9											
10											
25											

Insgesamt brauchst du 58 Kreuze.

2 Gib die Teiler- bzw. Vielfachenmengen an.

a) T_{42} = ____________________ **b)** T_{26} = ____________________

c) V_{13} = ____________________ **d)** V_{17} = ____________________

e) T_{75} = ____________________ **f)** V_{14} = ____________________

g) T_{32} = ____________________ **h)** T_{43} = ____________________

i) T_{330} = ____

3 Finde die steckbrieflich gesuchten Zahlen.

a) **Wanted!** Teiler von 36 und Vielfaches von 6

____

b) **Wanted!** Teiler von 100 und Vielfaches von 4

____

c) **Wanted!** zweistellig und Teiler von 190

____

d) **Wanted!** Teiler von 128 und Vielfaches von 16

____

e) **Wanted!** Teiler von 40 und Teiler von 50

____

f) **Wanted!** ungerade und Teiler von 84

____

Teilerdiagramme

1 Ergänze die Teilerdiagramme.

a) 16

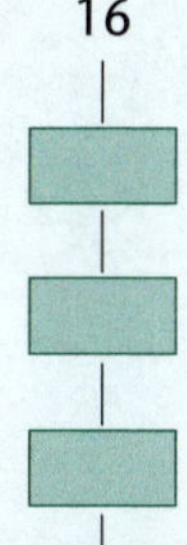

b) 12

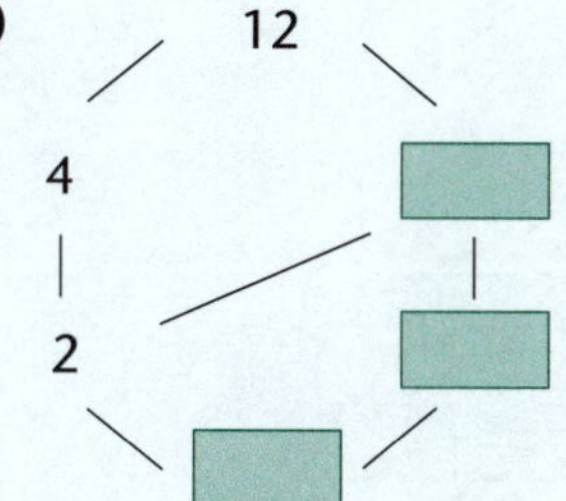

c) 100

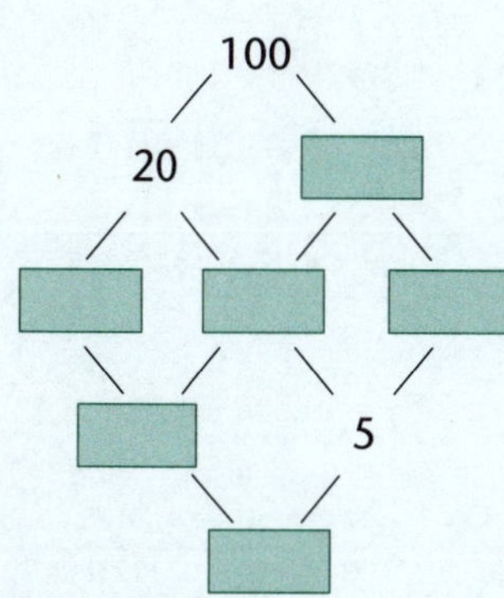

2 Finde für die Zahlen 75, 81 und 225 das passende Teilerdiagramm und fülle es aus.

a)

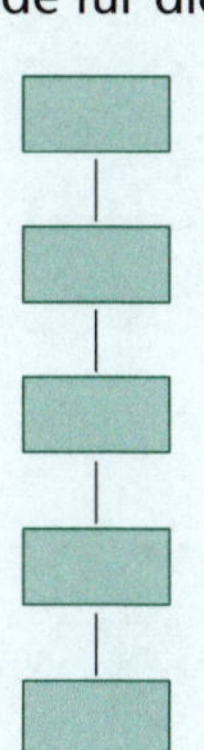

b)

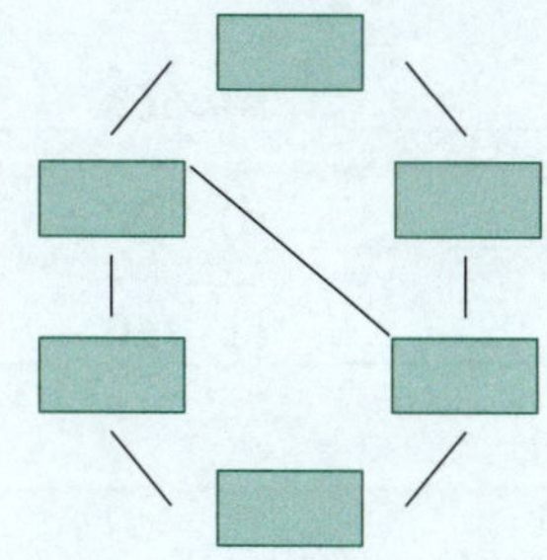

c)

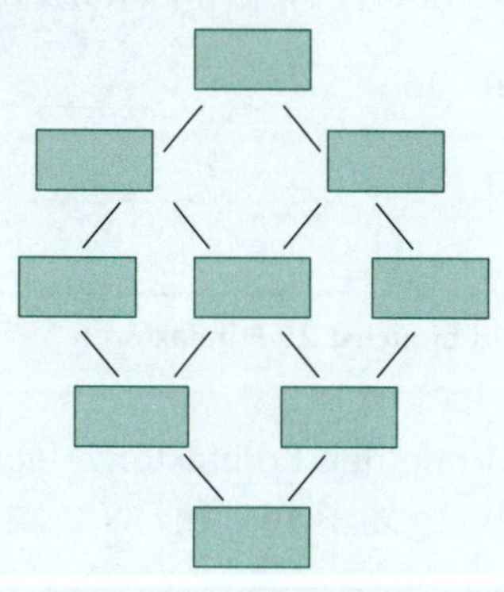

3 **a)** Ergänze das unten stehende Teilerdiagramm von 30.

b) Welche der Zahlen 36, 42 und 105 haben auch ein Teilerdiagramm dieser Form? Schreibe zunächst die Teilermengen auf, entscheide und vervollständige die Diagramme.

T_{36} = ______________________

T_{42} = ______________________

T_{105} = ______________________

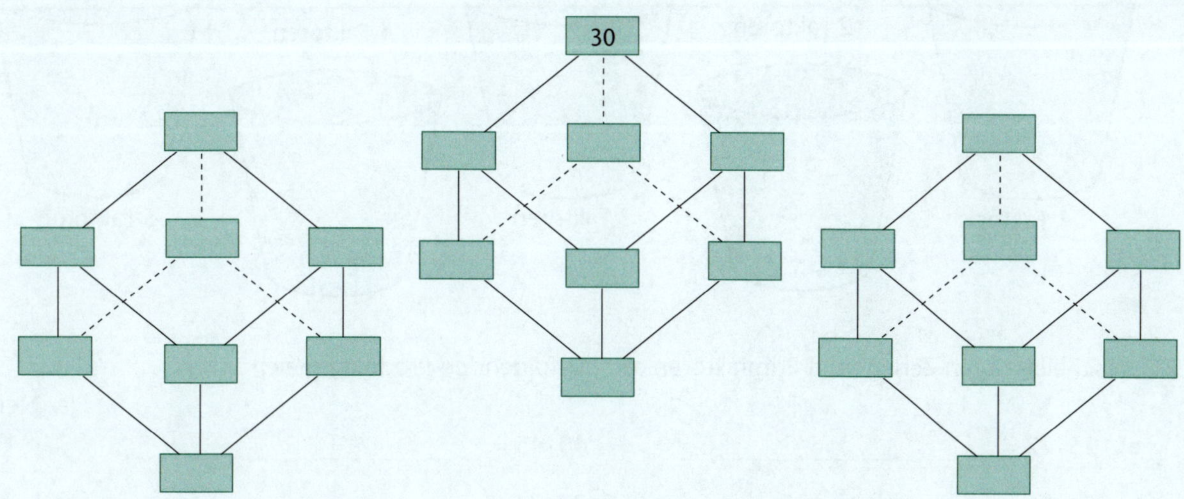

Primfaktorzerlegung

1 Zerlege auf zwei verschiedene Arten und gib die Primfaktorzerlegung an.

a)

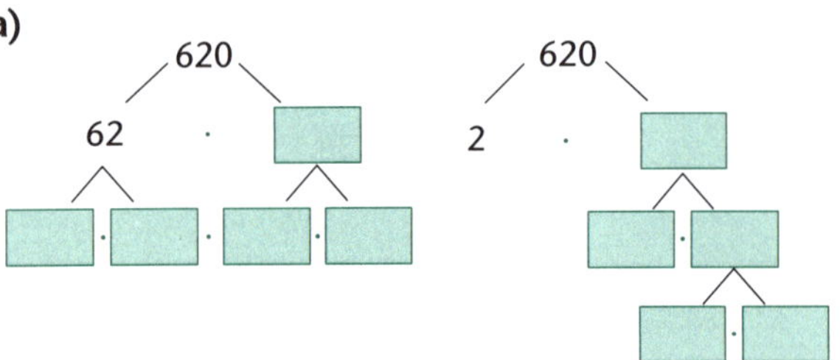

b)

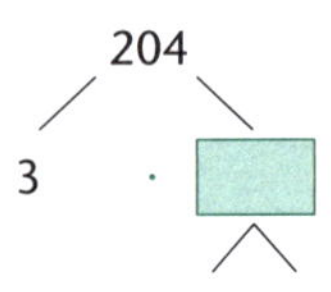

204

4 ·

620 = ______________________

204 = ______________________

2 Bestimme die Primfaktorzerlegung.

a) 36 = ______________________ **b)** 56 = ______________________

c) 84 = ______________________ **d)** 102 = ______________________

e) 135 = ______________________ **f)** 160 = ______________________

Du brauchst 25 Primfaktoren.

3 Ordne den Primfaktorzerlegungen die richtige Zahl zu.

a) $2 \cdot 2 \cdot 3 \cdot 19$ **b)** $3 \cdot 5 \cdot 23$ **c)** $2^2 \cdot 3^2 \cdot 5$ **d)** $2 \cdot 2 \cdot 3 \cdot 17$ **e)** $2 \cdot 11 \cdot 13$ **f)** $2^3 \cdot 5^2$

180	196	200	204	225	228	230	286	345	360
L	N	T	I	S	R	N	E	E	T

Lösungswort: ______________________

4 Verteile die Zahlen so, dass alle Zahlen eines Topfes in ihrer Primfaktordarstellung dieselbe Anzahl von Primfaktoren haben.

3, 6, 7, 15, 21, 23, 36, 45, 55, 72, 81, 83, 100, 104, 118, 165, 176, 210, 222, 273

5 Entscheide durch Zerlegen in Primfaktoren, ob die folgenden Produkte gleich sind.

				Ja	Nein
a) $25 \cdot 72$ =	______________	$40 \cdot 45$ =	______________	☐	☐
b) $54 \cdot 88$ =	______________	$9 \cdot 22 \cdot 24$ =	______________	☐	☐
c) $30 \cdot 234$ =	______________	$135 \cdot 50$ =	______________	☐	☐
d) $9 \cdot 125$ =	______________	$15 \cdot 75$ =	______________	☐	☐

ggT und kgV

1 Ergänze die Tabellen.

a)

ggT	6	8	10	20	45
6					
9					
15					
40					
72					

b)

kgV	2	3	8	12	15
4					
5					
9					
16					
20					

2 a) Trage in die Mauer den ggT der beiden darüberstehenden Zahlen ein.

270	180	240	336	280

2

b) Trage in die Mauer das kgV der beiden darunter stehenden Zahlen ein.

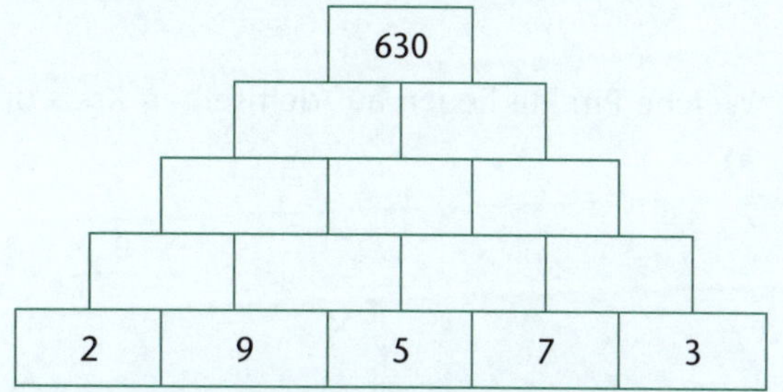

3 Lisa will die Papierstreifen zum Basteln in gleich lange Stücke schneiden, die mindestens 2 cm lang sind.

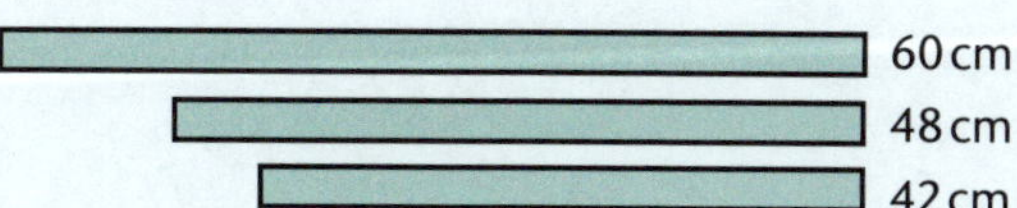

a) Welche Längen kann sie schneiden? ____________________

b) Wie viele Stücke erhält sie jeweils? ____________________

4 Tobias und Tim lassen ihre Autos auf einer Spielzeugrennbahn fahren.
Tobias' Auto braucht für eine Runde 22 s, Tims Auto 24 s.

a) Nach wie vielen Sekunden sind die Autos das erste Mal wieder auf gleicher Höhe?

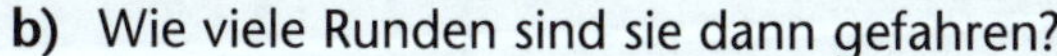

b) Wie viele Runden sind sie dann gefahren? Tim: ______ Runden, Tobias: ______ Runden.

c) Wie lange müssen sie fahren, bis Tim dreimal von Tobias überrundet wurde? ____________

d) Tim trainiert fleißig und schafft beim nächsten Spieletreffen die Runde in 20 s.

Wie oft überrundet er Tobias in einem 10-Minuten Rennen? ____________________

5 Bäcker Sontag will seinen Pflaumenkuchen auf einem 96 cm langen und 60 cm breiten Kuchenblech in gleich große quadratische Stücke schneiden.

a) Wie groß kann er die Stücke höchstens machen?

____

b) Wie viele Stücke werden es dann?

____

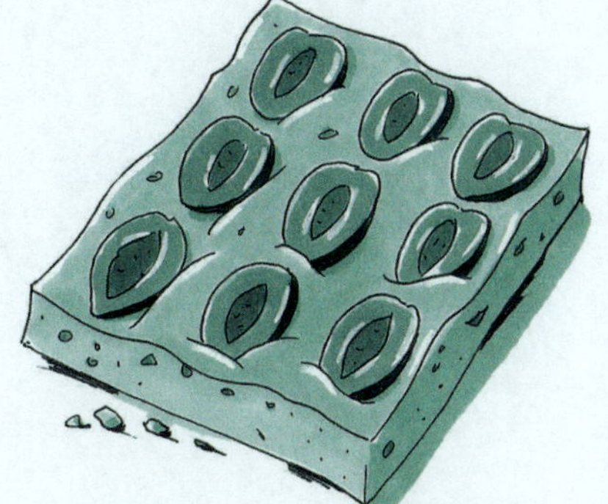

Kreis

1 Zeichne einen Kreis durch die Eckpunkte der Figuren.
Gib die Koordinaten der Mittelpunkte an.

$M_{Quadrat}$(___ | ___)

$M_{Rechteck}$(___ | ___)

$M_{Dreieck}$(___ | ___)

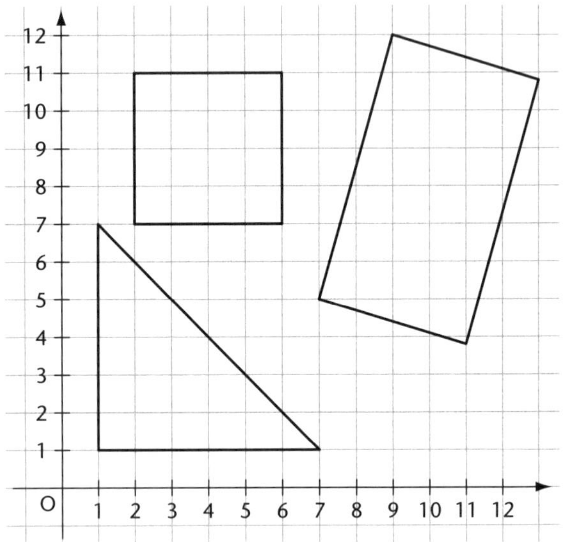

2 Welche Punkte liegen auf demselben Kreis um M?

a)

b)

___

3 Die Sender A und B sind 10 km voneinander entfernt. Sender A hat eine Reichweite von 5 km und Sender B hat eine Reichweite von 7 km. Zeichne im Maßstab 1 : 200 000.

Hinweis: 1 cm in der Zeichnung entspricht 2 km in der Wirklichkeit.

a) Schraffiere das Gebiet gelb, in dem nur der Sender A empfangen werden kann.

b) Schraffiere das Gebiet grün, in dem nur der Sender B empfangen werden kann.

c) Schraffiere das Gebiet rot, in dem beide Sender empfangen werden können.

d) Wo kann kein Sender empfangen werden?

___

Winkel 1

1 Ordne jedem Winkel seine richtige Größe zu. Versuche es, ohne zu messen.

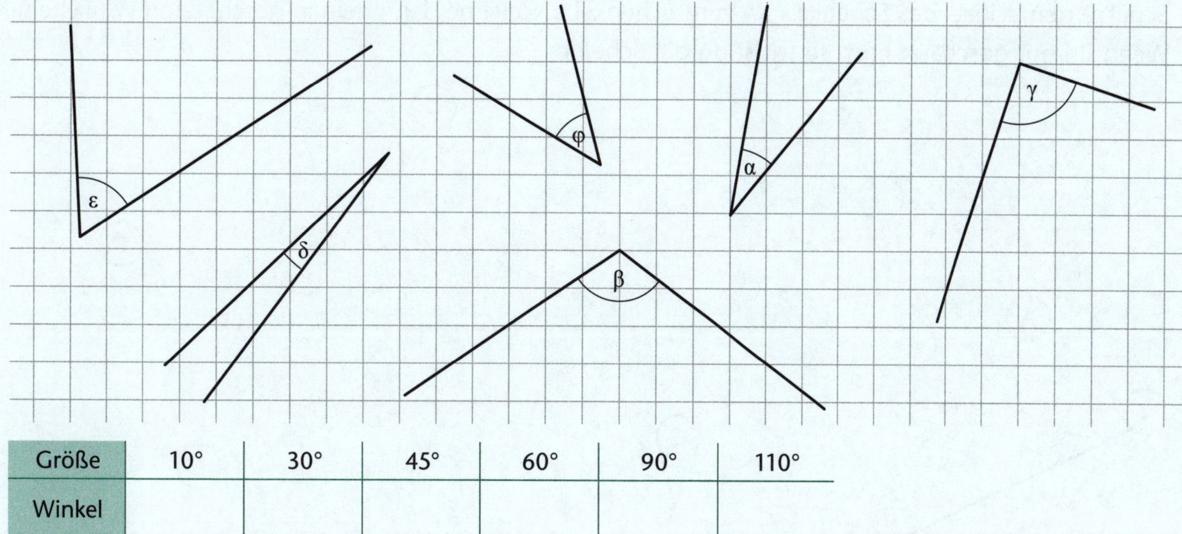

Größe	10°	30°	45°	60°	90°	110°
Winkel						

2 Im Farbrad sind Winkel der Größe 3°, 6°, 9°, 12° der Reihe nach gezeichnet und gefärbt. Setze das Muster mit 15°, 18°, … weiter fort.

a) Wie groß ist der letzte Winkel? ____________

b) Welche Farbe hat er? ____________

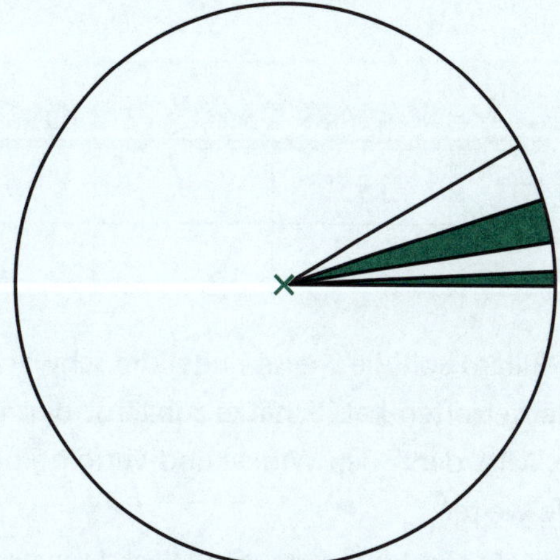

3 Trage an die Strecke $\overline{AB}$ die gleich lange Strecke $\overline{BC}$ im Winkel der Größe α an. Setze dieses Verfahren mit $\overline{BC}$ und $\overline{CD}$ fort.

Hinweis: Wenn du sauber gearbeitet hast, kommst du wieder in A an.

a) α = 108°

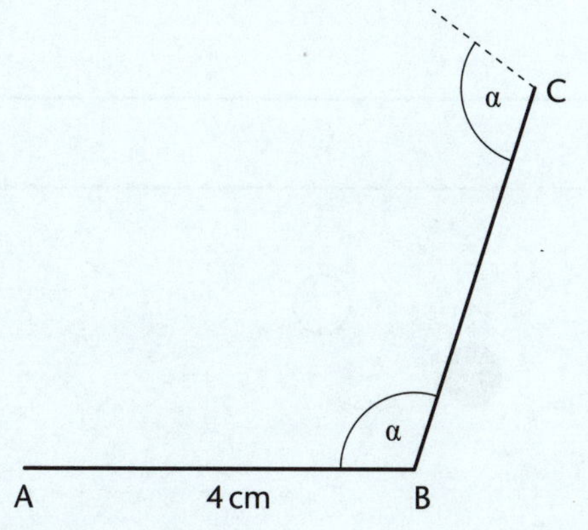

Welche Figur entsteht? ____________

b) α = 36°

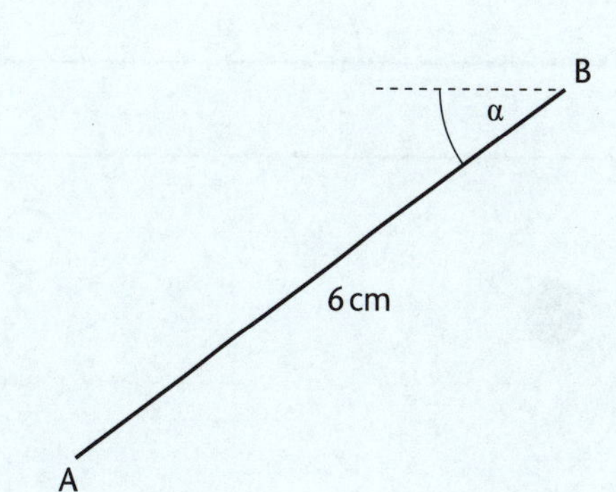

Welche Figur entsteht? ____________

Winkel 2

1 Vom Punkt S aus sollen wie im Beispiel Scheiben getroffen werden. Beginne mit der Scheibe A. Schätze den Winkel des Schenkels $\overline{SA}$ zum Schenkel a. Zeichne dann deinen geschätzten Winkel ein. Wenn du gut geschätzt hast, so triffst du die Scheibe.

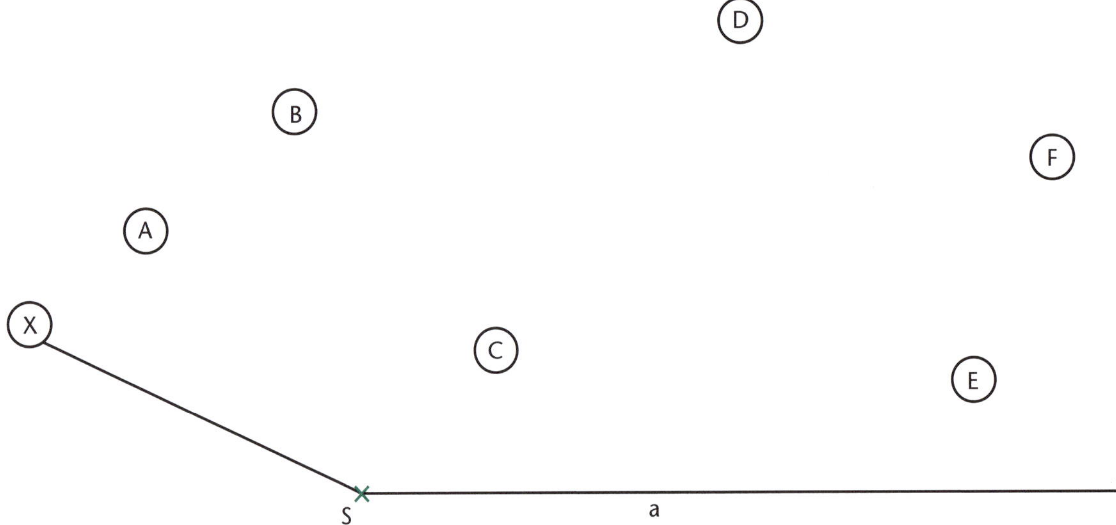

	Scheibe X	Scheibe A	Scheibe B	Scheibe C	Scheibe D	Scheibe E	Scheibe F
geschätzt	*155°*						
Treffer	*x*						

2 Beim Billard soll die weiße Kugel die schwarze Kugel treffen, nachdem sie vorher eine beliebige Bande getroffen hat. Schätze zunächst den Punkt auf der Bande ab, auf dem die Kugel auftreffen sollte. Miss dann den Winkel und verfolge die Kugel wie im Beispiel nach dem Auftreffen an der Bande weiter.

Hinweis: Die Kugel springt im selben Winkel von der Bande ab, in dem sie auf die Bande getroffen ist. Es gibt verschiedene Lösungsmöglichkeiten, je nachdem welche Bande du anspielst. Du kannst auch über zwei Banden spielen.

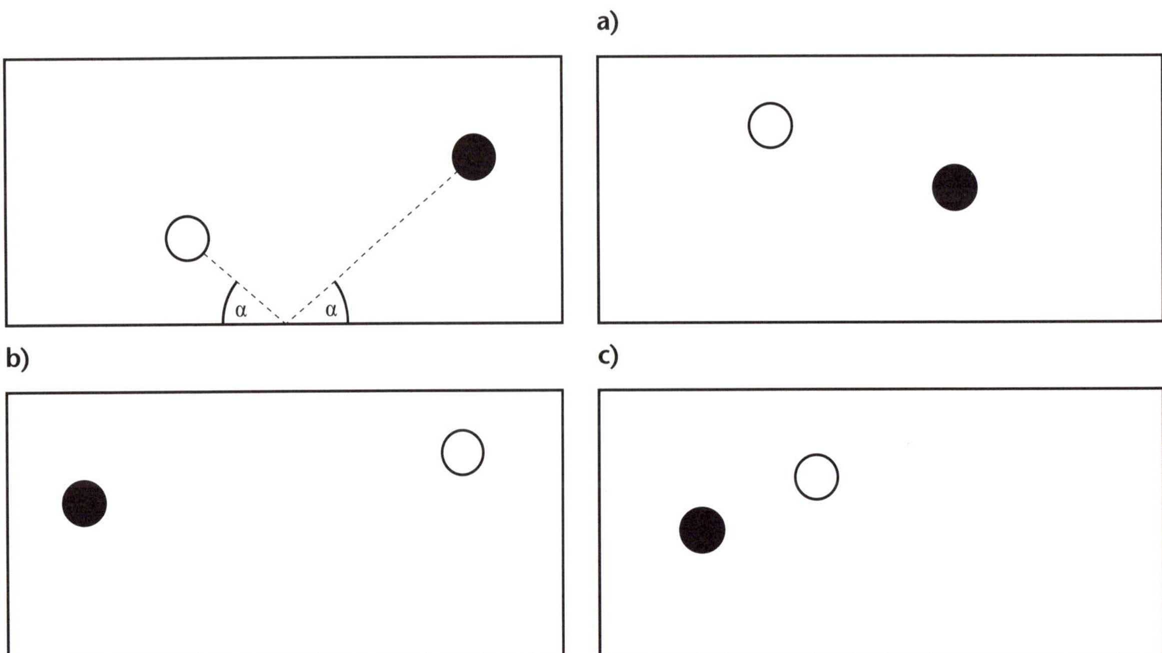

Brüche im Einsatz 1

1 a) Beschrifte die Tankanzeige des Autos vollständig und fülle die Tabelle aus.

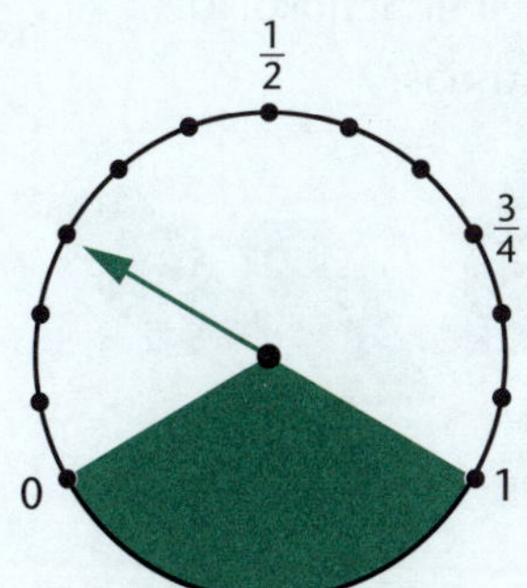

Tankinhalt Anteil	1	$\frac{1}{2}$	$\frac{1}{4}$		$\frac{3}{4}$	$\frac{1}{3}$
Tankinhalt in Liter	60			12		

Tankinhalt Anteil		$\frac{1}{8}$		$\frac{5}{6}$		
Tankinhalt in Liter	10		24		40	9

b) Das Auto verbraucht 8 ℓ auf 100 km. Bestimme die restliche Reichweite bei der jeweiligen Tankfüllung.

Tankinhalt Anteil	1	$\frac{1}{2}$	$\frac{1}{3}$	$\frac{1}{4}$	$\frac{2}{3}$	$\frac{5}{6}$	$\frac{3}{4}$	$\frac{1}{5}$
Reichweite in km	*750*							

2 Zu jedem Winkel gehört ein Bruchteil. Fülle die Tabellen aus.

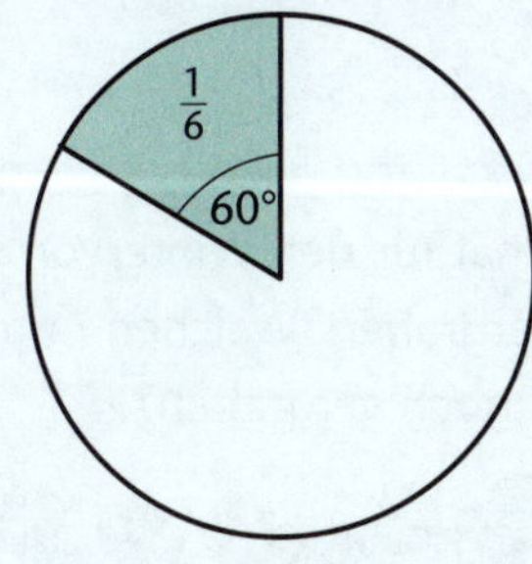

Winkel α	60°	180°		360°		90°	
Bruchteil	$\frac{1}{6}$		$\frac{2}{3}$		$\frac{3}{8}$		$\frac{1}{9}$

Winkel α	45°		120°		72°		150°
Bruchteil		$\frac{5}{9}$		$\frac{5}{6}$		$\frac{2}{5}$	

3 Zu den Brüchen gehören Prozentangaben. Wandle um.

Bruch	$\frac{1}{5}$		$\frac{1}{2}$	$\frac{1}{8}$			$\frac{1}{4}$		$\frac{3}{8}$		$\frac{1}{3}$
Prozent		10 %			30 %	75 %		45 %		62,5 %	≈

4 Wandle um. Orientiere dich an dem Beispiel.

15 min	500 mℓ		125 cm²	25 cm³	
$\frac{1}{4}$ h		$\frac{1}{3}$ h			$\frac{3}{8}$ kg

	6 min		625 kg		125 ha
$\frac{1}{8}$ km²		$\frac{7}{2}$ kg		$\frac{5}{8}$ ℓ	

Brüche im Einsatz 2

1 Färbe den entsprechenden Anteil. Beantworte die Frage.

a) Die Maus frisst $\frac{3}{4}$ des Käses.
Wie viel Käse frisst die Maus?

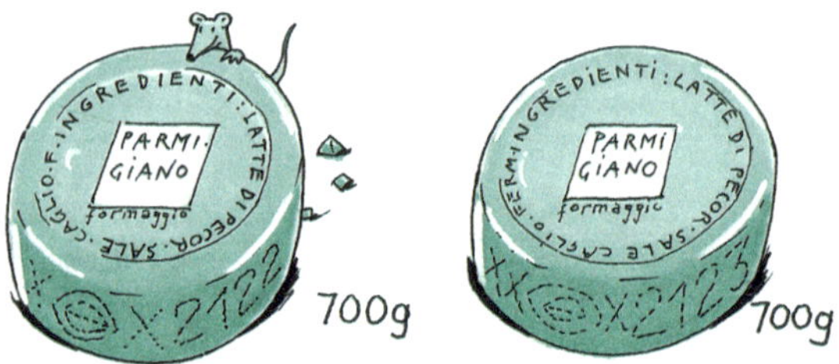

Die Maus frisst _______ g Käse

b) Karl verschenkt $\frac{3}{4}$ seiner Schokolade.
Wie viele Tafeln sind das?

____

c) Die Kinder essen $\frac{5}{6}$ der Pizza.
Wie viel Pizza bleibt übrig?

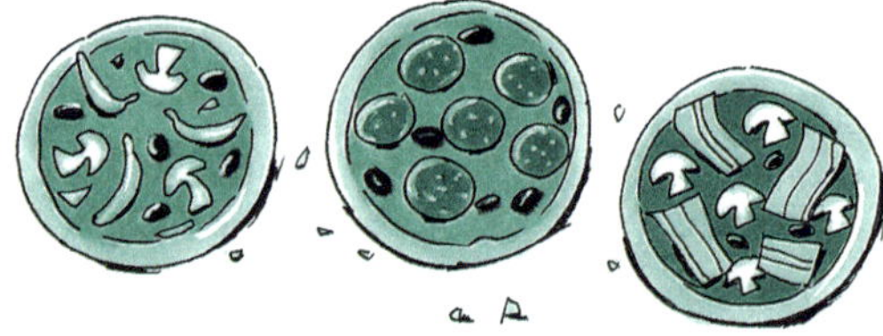

____

d) Alexander hat an Ostern nur 21 Eier gefunden. Welchen Anteil hat er gefunden?

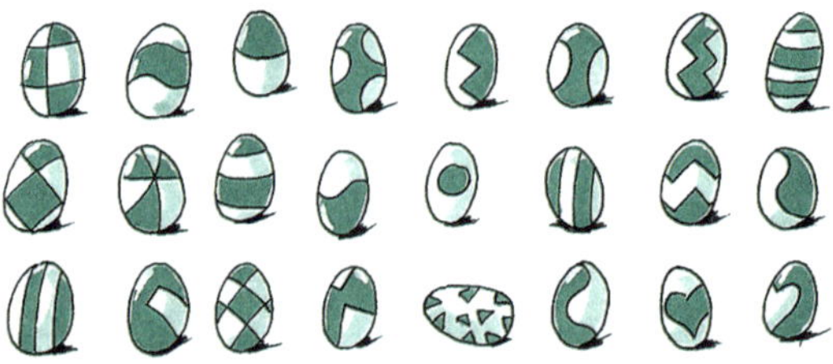

____

e) Anna verliert beim Spielen $\frac{3}{7}$ ihrer Murmeln.
Wie viele Murmeln verliert Anna?

____

f) Das Eichhörnchen hat für den Wintervorrat bereits 18 Nüsse vergraben. Welchen Anteil der Nüsse muss es noch vergraben?

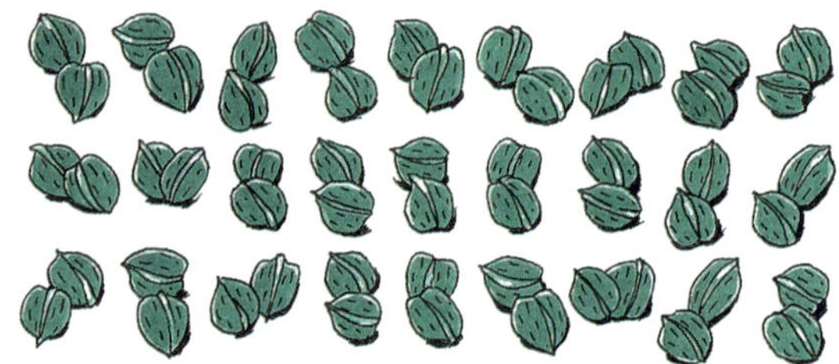

____

2 Der Kinderchor ist bunt zusammengewürfelt. Markiere jeweils in der angegebenen Farbe, beantworte die Fragen und fülle die Lücken aus.

a) Welcher Anteil aller Mitglieder sind Mädchen? $\frac{\square}{\square}$

b) Blau: 20 % aller Mädchen singen Sopran. Das sind _____ Mädchen.

c) 8 Mädchen und 10 Jungen spielen gerne Fußball,

das sind $\frac{\square}{\square}$ aller Mädchen, $\frac{\square}{\square}$ aller Jungen und $\frac{\square}{\square}$ aller Kinder.

d) Gelb: $\frac{1}{8}$ aller Jungen tragen eine Brille. Das sind _____ Jungen.

e) Rot: 10 Mädchen haben kurze Haare. Das sind _____ % aller Mädchen.

f) Im Chor sind 10 Brillenträger. Grün: Wie viele Mädchen tragen eine Brille? _____. Das sind $\frac{\square}{\square}$ aller Mädchen.

Brüche im Einsatz 3

1 Löse die Aufgaben mithilfe des Pfeilbildes.

a) In einer Flasche sind 700 ml Limonade. Die Flasche ist zu $\frac{3}{4}$ gefüllt. Wie viel Limonade ist noch in der Flasche?

In der Flasche befinden sich noch ______ ml Limonade.

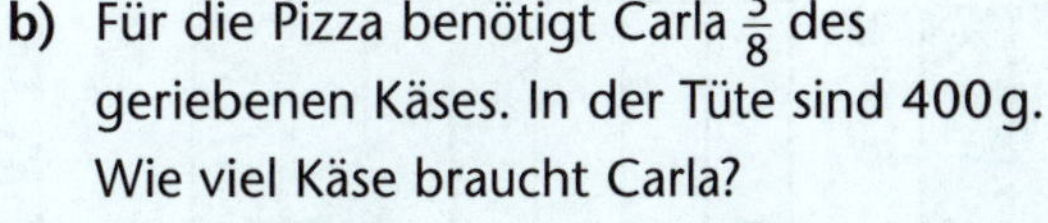

b) Für die Pizza benötigt Carla $\frac{3}{8}$ des geriebenen Käses. In der Tüte sind 400 g. Wie viel Käse braucht Carla?

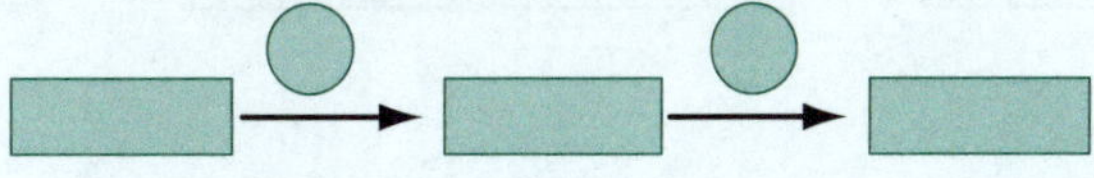

____

c) Felix war $2\frac{1}{2}$ Stunden im Schwimmbad. $\frac{2}{3}$ der Zeit verbrachte er im Nichtschwimmerbecken. Welche Zeit verbrachte er dort?

d) In der Klasse 6c sind $\frac{3}{11}$ aller Schüler Brillenträger. Das sind neun Brillenträger. Wie viele Schüler gehen in die 6c?

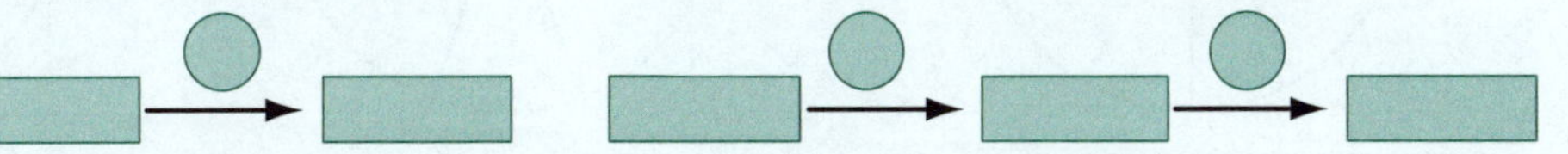

____

____

e) Der Sportverband Eintracht 07 hat 480 Mitglieder. $\frac{33}{40}$ der Mitglieder sind Fußballer. Wie viele Fußballer sind im Verein?

f) In der Schachtel sind 60 Kekse. Enno erhält 24 Kekse. Welchen Anteil bekommt Enno?

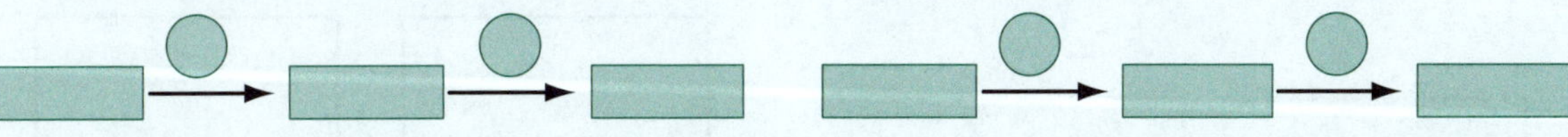

____

____

2 Maria und Marius haben eine Wohnung gemietet. Nun wollen sie die einzelnen Zimmer in verschiedenen Farbtönen streichen. Zeichne mit Farbstift ein und hilf ihnen, eine Einkaufsliste zusammenzustellen.

a) Für das Wohnzimmer benötigen sie 24 Liter Farbe. Hellrot und Gelb sollen in Verhältnis 3 : 5 gemischt werden.

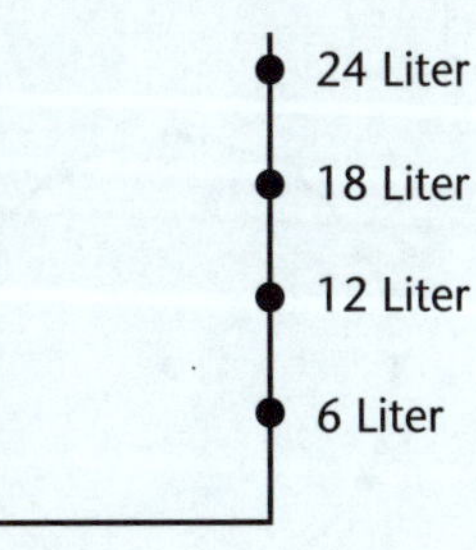

Sie brauchen ____ Liter hellrote und ____ Liter gelbe Farbe.

b) Für die Küche benötigen sie 10 Liter Farbe. Grün und Weiß sollen im Verhältnis 2 : 3 gemischt werden.

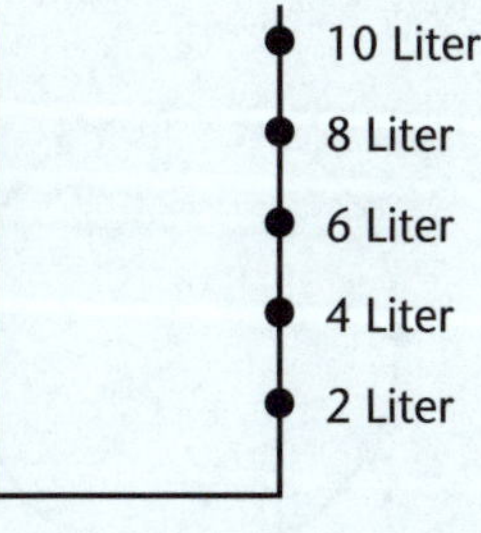

____

____

c) Für das Badezimmer benötigen sie 5 Liter Farbe. Blau und Weiß sollen im Verhältnis 4 : 6 gemischt werden.

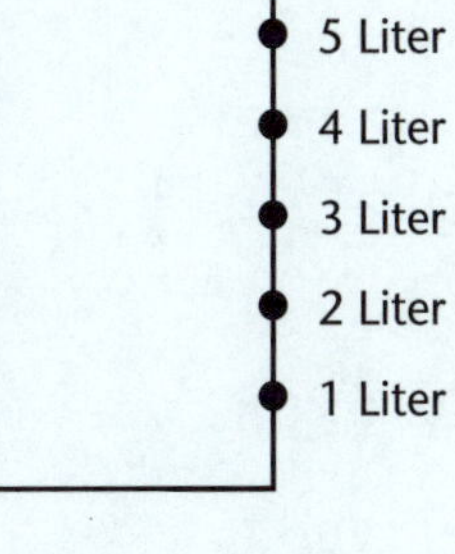

____

____

d) Für das Schlafzimmer benötigen sie 12 Liter Farbe. Rot und Blau sollen im Verhältnis 1 : 5 gemischt werden.

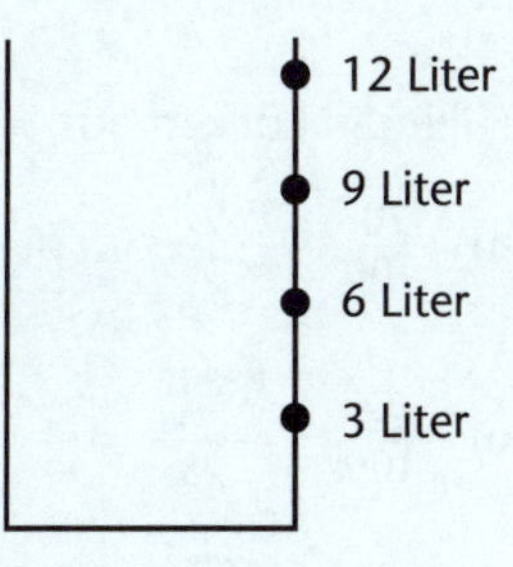

____

____

Brüche vergleichen und ordnen 1

1 Erweitere.

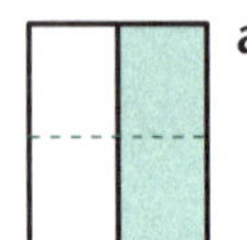

$\frac{1}{2} = \frac{2}{4}$

a)

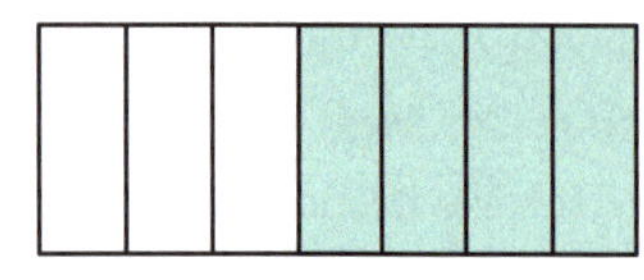

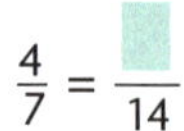

$\frac{4}{7} = \frac{\square}{14}$

b)

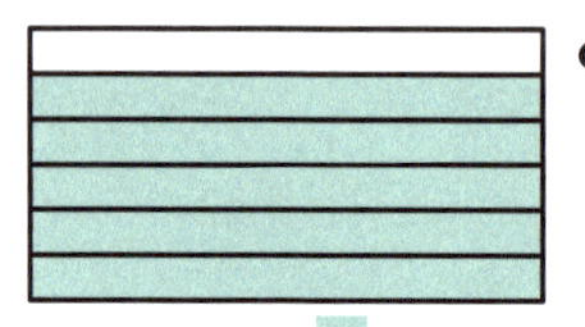

$\frac{5}{6} = \frac{\square}{24}$

c)

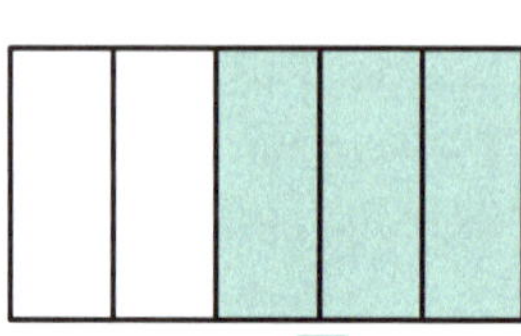

$\frac{3}{5} = \frac{\square}{15}$

d)

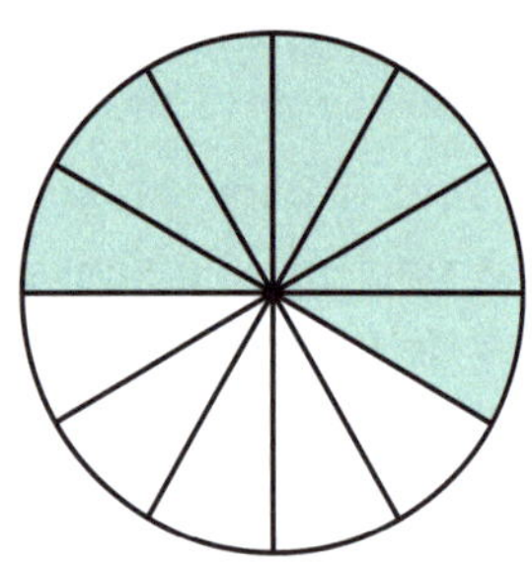

$\frac{7}{12} = \frac{14}{\square}$

e)

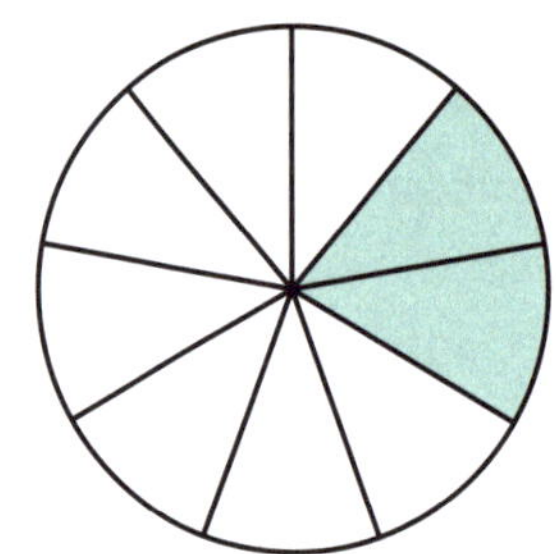

$\frac{2}{9} = \frac{4}{\square}$

f)

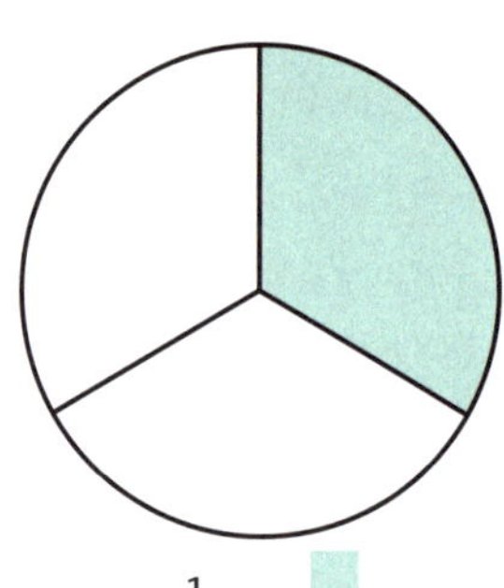

$\frac{1}{\square} = \frac{\square}{12}$

2 Stelle grafisch dar.

a) $\frac{2}{3} = \frac{10}{15}$

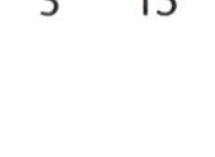

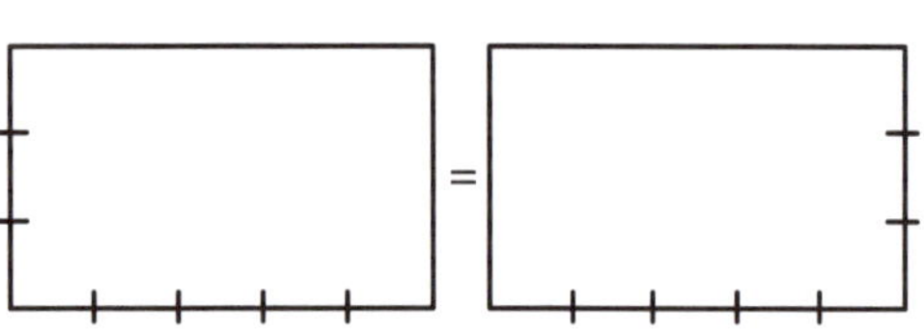

b) $\frac{1}{6} = \frac{5}{30}$

c) $\frac{1}{4} = \frac{3}{12}$

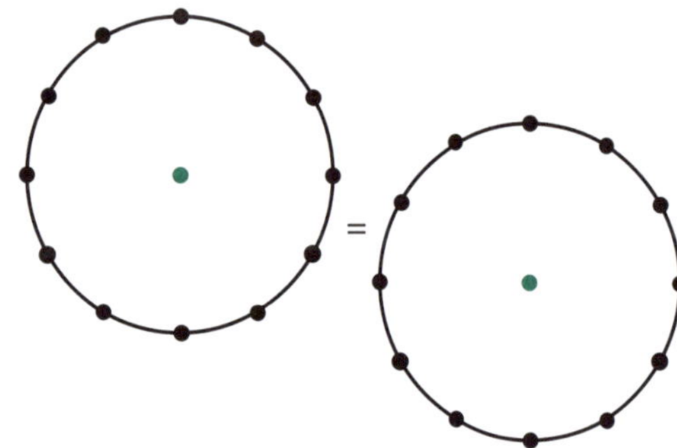

d) $\frac{8}{12} = \frac{2}{3}$

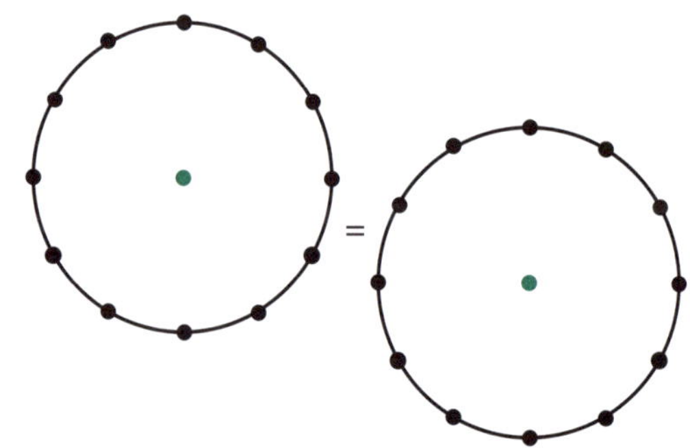

3 Fülle die Lücken aus.

a) $\frac{70}{100} = \frac{7}{\square}$ b) $\frac{15}{35} = \frac{3}{\square}$ c) $\frac{\square}{14} = \frac{3}{2}$ d) $\frac{6}{42} = \frac{\square}{7}$

e) $\frac{24}{100} = \frac{\square}{25}$ f) $\frac{180}{400} = \frac{9}{\square}$ g) $\frac{48}{64} = \frac{3}{\square}$ h) $\frac{125}{30} = \frac{25}{\square}$

i) $\frac{51}{34} = \frac{\square}{2}$ k) $\frac{999}{1998} = \frac{\square}{\square}$ l) $\frac{\square}{99} = \frac{9}{297}$ m) $\frac{14}{\square} = \frac{28}{160}$

Brüche vergleichen und ordnen 2

1 Fülle die Lücken aus.

Gekürzter Bruch			$\frac{3}{8}$		$\frac{4}{25}$				$\frac{9}{20}$
Zehnerbruch		$\frac{95}{100}$					$\frac{32}{100}$	$\frac{1625}{1000}$	
Dezimalzahl	0,15			2,8		1,75			

2 Fülle die Lücken aus.

a) $\frac{4}{5} = 1 - \frac{\square}{\square}$ b) $7\frac{7}{12} = 8 - \frac{\square}{\square}$ c) $4\frac{5}{9} = 4\frac{8}{9} - \frac{\square}{\square}$ d) $4\frac{5}{11} = 5 - \frac{\square}{\square}$

e) $6\frac{5}{8} = 9\frac{5}{8} - \frac{\square}{\square}$ f) $\frac{5}{7} = 1 - \frac{\square}{\square}$ g) $\frac{17}{11} = 2 - \frac{\square}{\square}$ h) $\frac{23}{4} = 6 - \frac{\square}{\square}$

i) $5\frac{2}{3} = 7\frac{2}{3} - \frac{\square}{\square}$ j) $\frac{7}{8} = 1\frac{7}{8} - \frac{\square}{\square}$ k) $\frac{9}{7} = 1\frac{2}{7} - \frac{\square}{\square}$ l) $\frac{4}{5} = 1\frac{1}{5} - \frac{\square}{\square}$

3 Ergänze die Zauberquadrate so, dass die Summe in den Zeilen, in den Spalten und in beiden Diagonalen jeweils denselben Wert hat.

Summenzahl 1

$\frac{1}{9}$		
	$\frac{3}{9}$	$\frac{1}{9}$

Summenzahl 3

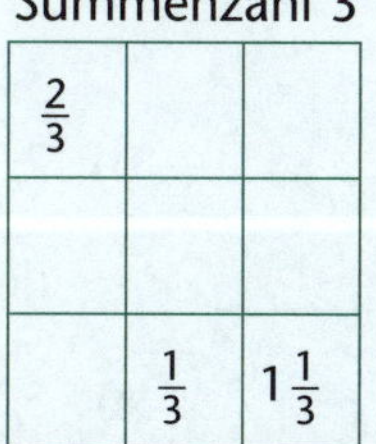

$\frac{2}{3}$		
	$\frac{1}{3}$	$1\frac{1}{3}$

Summenzahl 3

	$\frac{2}{4}$	
0	1	
		$\frac{1}{4}$

Summenzahl 1

$\frac{1}{2}$		$\frac{2}{12}$
	$\frac{4}{12}$	

4 Ordne die Brüche nach ihrer Größe.

a) $\frac{4}{5}$; $\frac{1}{7}$; $\frac{1}{5}$; $\frac{1}{4}$; $\frac{1}{1}$; $\frac{1}{2}$; $\frac{3}{4}$; $\frac{6}{7}$; $\frac{4}{12}$; $\frac{3}{5}$

$\frac{1}{7}$ < ______________________________

b) $1\frac{4}{9}$; $2\frac{1}{4}$; $\frac{8}{7}$; $\frac{12}{8}$; $\frac{7}{8}$; $1\frac{6}{10}$; $\frac{22}{4}$; $\frac{22}{5}$; $\frac{20}{4}$; $\frac{20}{5}$

____

5 Zeichne die Brüche auf der Zahlengeraden ein. $\frac{1}{4}$; $\frac{7}{10}$; $1\frac{1}{10}$; $\frac{3}{8}$; $\frac{3}{5}$; $\frac{3}{4}$; $\frac{1}{2}$; $\frac{9}{10}$; $1\frac{1}{4}$; $\frac{19}{20}$

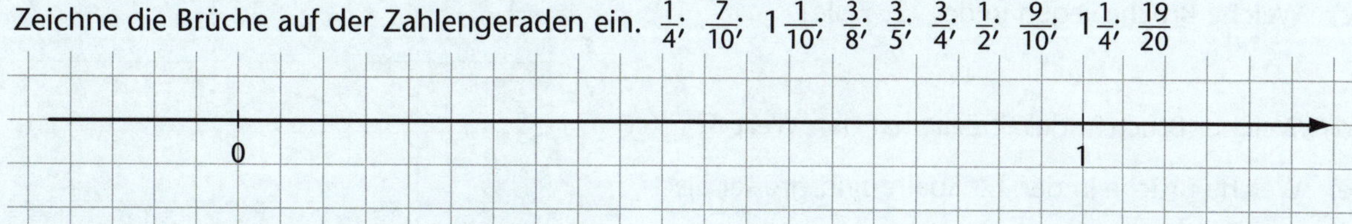

6 Lies die Brüche von der Zahlengeraden ab.

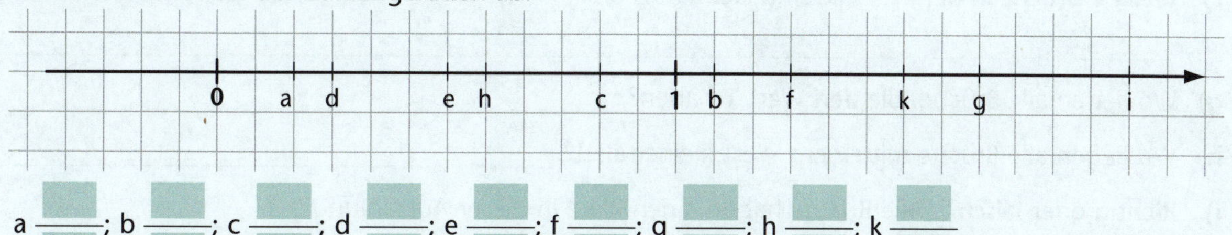

a $\frac{\square}{\square}$; b $\frac{\square}{\square}$; c $\frac{\square}{\square}$; d $\frac{\square}{\square}$; e $\frac{\square}{\square}$; f $\frac{\square}{\square}$; g $\frac{\square}{\square}$; h $\frac{\square}{\square}$; k $\frac{\square}{\square}$

Brüche sind Zahlen

1 Paul Schlau behauptet:

„Multipliziert man eine Zahl mit sich selbst, so ist das Ergebnis stets größer als die Zahl!"

„$\frac{4}{7}$ und $\frac{5}{7}$ sind direkt aufeinander folgende Brüche!"

„ Ein Bruch (ungleich 1 oder 0) oder sein Kehrwert ist größer als 1!"

„Bei den natürlichen Zahlen gibt es zwischen 1 und 99 genau 97 weitere Zahlen!"

„17 % kann als Bruch dargestellt werden!"

„Zwischen 3,45 und 3,88 liegen genau 42 Zahlen!"

„$\frac{11}{8}$ liegt auf der Zahlengeraden in der Mitte zwischen $\frac{5}{4}$ und $\frac{6}{4}$!"

„$\frac{2}{7}$ liegt zwischen $\frac{1}{6}$ und $\frac{3}{6}$!"

„$\frac{5}{4}$ liegt zwischen $\frac{4}{3}$ und $\frac{6}{3}$!"

„2,88 ist der Nachfolger von 2,87!"

„Es gibt nur zwei Brüche, deren Produkt 2 ergibt!"

ja	nein
T	G
E	L
E	I
I	L
C	E
R	H
N	M
A	E
N	M
G	I
E	G

Lösungswort: ____________________

2 Vergleiche die Zahlen wie im Beispiel.

$4{,}2 > 4\frac{1}{6}$

denn $0{,}2 = \frac{2}{10} = \frac{1}{5} > \frac{1}{6}$

a) 1,7 ☐ $1\frac{7}{9}$

denn ____________________

b) 2,34 ☐ $2\frac{17}{50}$

denn ____________________

c) 3,35 ☐ $3\frac{6}{20}$

denn ____________________

d) 0,99 ☐ $\frac{99}{99}$

denn ____________________

e) 5,55 ☐ $5\frac{6}{9}$

denn ____________________

3 Fülle die Lücken aus und löse die Aufgaben.

a) In welcher Zeile und Spalte würde sich der Bruch $\frac{17}{39}$ befinden? ____________________

b) Welche Brüche liegen in der 26. Spalte?

____

c) Welche Brüche liegen in der 13. Zeile?

____

d) Welcher Bruch in der 9. Zeile hat den Wert 5? ______

e) Welche Brüche in der 12. Spalte sind größer als 1?

____

$\frac{1}{1}$	$\frac{2}{1}$	$\frac{3}{1}$	$\frac{4}{1}$	$\frac{5}{1}$	$\frac{6}{1}$	$\frac{7}{1}$	...
$\frac{1}{2}$	$\frac{2}{2}$						...
$\frac{1}{3}$							...
							...
			$\frac{4}{5}$				...
$\frac{1}{6}$						$\frac{7}{6}$	...
							...
...	...	...	...	...	...	...	...

f) Welche Brüche in der 17. Zeile sind kleiner als 0,5?

____

g) Wo liegen alle Brüche, die den Wert 1 haben? ____________________

h) Wo liegen alle Brüche mit einem Wert kleiner als 1? ____________________

i) Richtig oder falsch? „Alle Brüche haben einen Platz in dieser Aufzählung!"

____

Addition von Brüchen

1 Berechne. Kürze, wenn möglich.

a) $\frac{2}{7} + \frac{4}{7} =$ ____________________

b) $\frac{1}{10} + \frac{7}{10} =$ ____________________

c) $\frac{7}{9} + \frac{6}{9} =$ ____________________

d) $\frac{11}{12} + \frac{7}{12} =$ ____________________

e) $\frac{13}{8} + \frac{7}{8} + \frac{4}{8} =$ ____________________

f) $\frac{5}{6} + \frac{11}{6} + \frac{17}{6} =$ ____________________

2 Berechne. Kürze, wenn möglich.

a) $\frac{1}{3}\,\text{kg} + \frac{5}{6}\,\text{kg} =$ ____________________

b) $\frac{2}{7}\,\text{m} + \frac{3}{5}\,\text{m} =$ ____________________

c) $\frac{7}{9}\,\ell + \frac{5}{6}\,\ell =$ ____________________

d) $\frac{7}{12}\,\text{t} + \frac{8}{15}\,\text{t} =$ ____________________

e) $\frac{3}{4}\,\text{h} + \frac{1}{6}\,\text{h} + \frac{5}{12}\,\text{h} =$ ____________________

f) $\frac{1}{4}\,\text{ha} + \frac{5}{6}\,\text{ha} + \frac{7}{10}\,\text{ha} =$ ____________________

3 Die Einwohner von Bruchhausen haben gewählt. Da sie weder Komma noch Prozentzeichen kennen, müssen alle nicht ganzzahligen Angaben und Rechnungen mit Brüchen durchgeführt werden. Die Wahlergebnisse sind in einem Kreisdiagramm dargestellt.

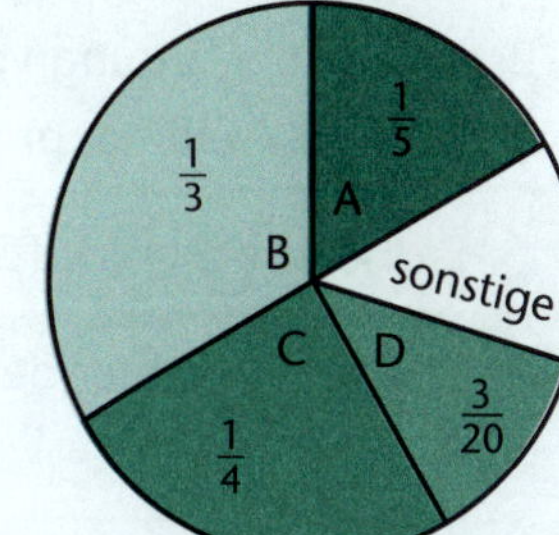

a) Wie groß ist der Anteil der Stimmen von A-Partei und B-Partei zusammen?

b) Wie groß ist der von C-Partei und D-Partei zusammen?

c) Welchen Stimmenanteil haben A-, B- und C-Partei zusammen?

d) Welcher Stimmenanteil entfällt auf sonstige Parteien?

a) __________ b) __________ c) __________ d) __________

Lösungen zu Aufgaben 1, 2 und 3 (ohne Einheiten): $3;\ 1\frac{1}{2};\ 5\frac{1}{2};\ 1\frac{1}{3};\ \frac{2}{5};\ \frac{4}{5};\ 1\frac{1}{6};\ \frac{6}{7};\ 1\frac{4}{9};\ \frac{1}{15};\ \frac{8}{15};\ 1\frac{11}{18};\ \frac{31}{35};\ \frac{47}{60};\ 1\frac{7}{60};\ 1\frac{47}{60}$

4 Fülle die Additionstabelle aus. Die Ergebnisse sind in der Tabelle rechts angegeben.

+	$\frac{3}{4}$	$\frac{1}{6}$	$\frac{5}{12}$
$\frac{5}{8}$			
$\frac{7}{9}$			
$\frac{7}{18}$			

Lösungswort: ____________________

Die zugehörigen Buchstaben ergeben zeilenweise das Lösungswort.					
$1\frac{7}{36}$	N	$\frac{17}{18}$	A	$1\frac{19}{36}$	M
$\frac{29}{36}$	N	$1\frac{5}{36}$	D	$\frac{5}{9}$	E
$\frac{19}{24}$	U	$1\frac{1}{24}$	M	$1\frac{3}{8}$	S

5 Die Summe zweier benachbarter Zahlen wird in das darüber liegende Feld eingetragen. Fülle die Lücken aus.

a)

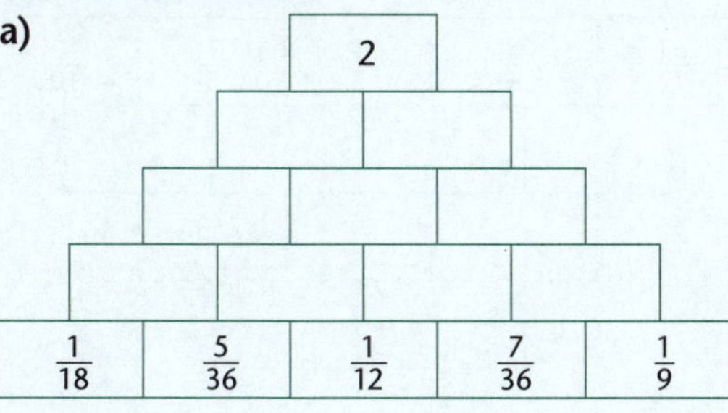

b)

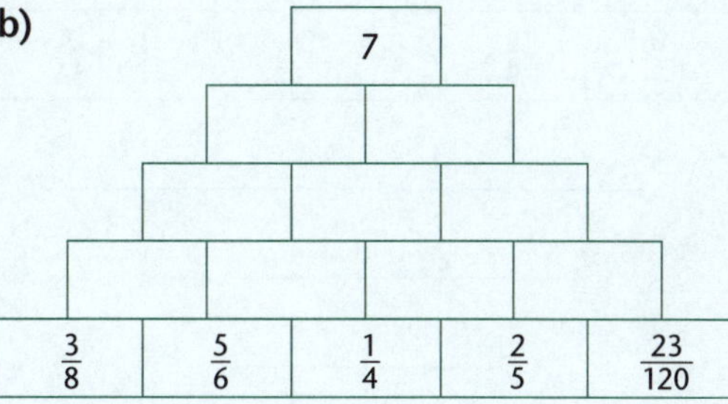

Subtraktion von Brüchen

1 Berechne. Kürze, wenn möglich.

a) $\frac{20}{9} - \frac{6}{9} =$ ____________

b) $\frac{31}{12} - \frac{7}{12} =$ ____________

c) $\frac{13}{8} - \frac{7}{8} - \frac{4}{8} =$ ____________

d) $\frac{23}{6} - \frac{4}{6} - \frac{9}{6} =$ ____________

e) $\frac{5}{6}\text{cm} - \frac{2}{3}\text{cm} =$ ____________

f) $\frac{3}{5}\text{g} - \frac{2}{7}\text{g} =$ ____________

g) $\frac{5}{6}\text{h} - \frac{7}{9}\text{h} =$ ____________

h) $\frac{7}{12}\ell - \frac{8}{15}\ell =$ ____________

i) $\frac{3}{4}\text{a} - \frac{1}{6}\text{a} - \frac{1}{12}\text{a} =$ ____________

k) $\frac{5}{6}\text{kg} - \frac{1}{4}\text{kg} - \frac{3}{10}\text{kg} =$ ____________

Lösungen (ohne Einheiten): 2; $\frac{1}{2}$; $1\frac{2}{3}$; $\frac{1}{4}$; $\frac{1}{6}$; $1\frac{5}{9}$; $\frac{1}{18}$; $\frac{1}{20}$; $\frac{11}{35}$; $\frac{17}{60}$

2 Florian bummelt durch Bruchhausen. Als er sich ein Eis leisten will, merkt er, dass er nur noch $6\frac{5}{6}$ BM (Bruchmark, Währung von Bruchhausen) dabei hat.

a) Wie viel Geld hat er übrig, wenn er sich den Erdbeerbecher kauft? ____________

b) Wie viel, wenn er den Schokobecher wählt?

____

c) Wie viel Geld müsste er zusätzlich haben, wenn er einen Erdbeerbecher nimmt und seine Freundin Eva zu einem Becher Früchtetraum einlädt?

____

3 Berechne. Das Ergebnis der ersten Aufgabe ist die erste Zahl der zweiten Aufgabe usw.
Wenn du nacheinander die zugehörigen Buchstaben notierst, kannst du das Lösungswort erkennen.

	$4\frac{5}{6} - \frac{1}{4} = 4\frac{7}{12}$	Z	$2\frac{4}{9} - 1\frac{1}{15} =$ ____	O	$1\frac{17}{45} - \frac{5}{18} =$ ____
N	$3\frac{5}{6} - 1\frac{2}{9} =$ ____	T	$4\frac{7}{12} - \frac{6}{8} =$ ____	E	$2\frac{11}{18} - \frac{2}{12} =$ ____
R	$1\frac{1}{10} - \frac{3}{15} =$ ____	P	$\frac{9}{10} - \frac{3}{4} =$ ____		Lösung: T ____

4 Die Differenz zweier benachbarter Zahlen wird in das darunter liegende Feld eingetragen.
Fülle die Lücken aus.

a)

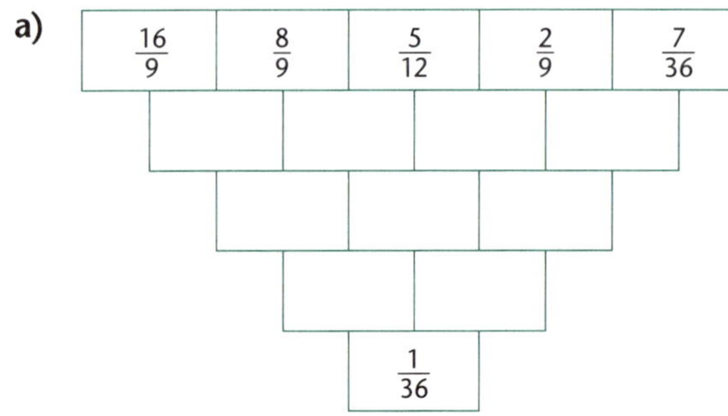

b)

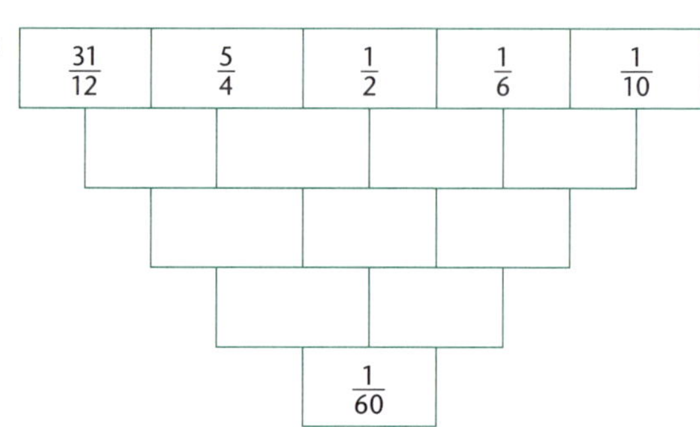

Addition und Subtraktion von Brüchen 1

1 Berechne. Kürze, wenn möglich.

a) $\frac{4}{9} - \frac{2}{6} + \frac{1}{3} =$ ______

b) $\frac{7}{12} + \frac{5}{8} - \frac{5}{6} =$ ______

c) $\frac{20}{9} - \frac{5}{6} - \frac{3}{4} =$ ______

d) $\frac{31}{5} - \frac{7}{6} + \frac{2}{15} =$ ______

e) $\frac{11}{18} + 1\frac{3}{4} + \frac{5}{6} =$ ______

f) $2\frac{3}{10} - \frac{4}{15} - 1\frac{1}{6} =$ ______

Lösungen: $5\frac{1}{6}$; $\frac{3}{8}$; $\frac{4}{9}$; $\frac{13}{15}$; $\frac{23}{36}$; $3\frac{7}{36}$

2 Fülle die Lücken aus. Die richtigen Ergebnisse findest du in der darunter liegenden Zeile. Sie führen dich zum Lösungswort.

1.Summand	$\frac{3}{5}$	$\frac{5}{8}$		$\frac{5}{6}$	$\frac{5}{9}$		$\frac{11}{12}$
2. Summand	$\frac{2}{9}$		$\frac{3}{14}$	$\frac{7}{8}$		$\frac{2}{7}$	$3\frac{5}{18}$
Summe		$\frac{29}{40}$	$\frac{61}{56}$		$1\frac{7}{18}$	$\frac{20}{21}$	

Minuend	$\frac{17}{12}$	$\frac{64}{75}$		$3\frac{1}{6}$	$2\frac{5}{18}$		$\frac{3}{5}$
Subtrahend	$\frac{2}{3}$		$1\frac{7}{8}$	$\frac{3}{5}$		$\frac{8}{21}$	$\frac{5}{9}$
Differenz		$\frac{11}{15}$	$\frac{5}{6}$		$1\frac{13}{36}$	$\frac{5}{14}$	

$\frac{2}{3}$	$\frac{3}{4}$	$\frac{5}{6}$	$\frac{7}{8}$	$\frac{1}{10}$	$\frac{11}{12}$	$1\frac{17}{24}$	$2\frac{17}{24}$	$\frac{3}{25}$	$2\frac{17}{30}$	$4\frac{7}{36}$	$\frac{31}{42}$	$\frac{2}{45}$	$\frac{37}{45}$
E	R	H	S	A	N	C	C	E	H	N	E	R	T

Lösungswort: ______

3 Ergänze das Zauberquadrat so, dass die Summe der Zahlen in den Zeilen, in den Spalten und in beiden Diagonalen denselben Wert hat.

a)

$\frac{1}{6}$		
$\frac{3}{4}$		
$\frac{1}{3}$	$\frac{1}{4}$	

Summe: ______

b)

$\frac{1}{9}$	$\frac{7}{18}$	$\frac{1}{3}$
	$\frac{1}{6}$	

Summe: ______

Du musst zuerst die Summe finden.

c)

$\frac{1}{9}$	$\frac{7}{18}$	$\frac{1}{6}$	$\frac{1}{3}$
$\frac{2}{9}$			$\frac{8}{27}$
	$\frac{4}{27}$	$\frac{10}{27}$	
$\frac{17}{54}$			

Summe: ______

Addition und Subtraktion von Brüchen 2

1 Welche Bruchzahl musst du einsetzen?
Die Lösungen stellen eine Geheimschrift dar, die du mithilfe der Tabelle entschlüsseln kannst.

a) $\frac{13}{12} - \frac{5}{6} = \frac{\square}{\square}$

b) $\frac{5}{6} + \frac{\square}{\square} = \frac{31}{12}$

c) $\frac{\square}{\square} + \frac{1}{16} = \frac{9}{32}$

d) $\frac{5}{24} - \frac{1}{12} = \frac{\square}{\square}$

e) $\frac{11}{12} - \frac{\square}{\square} = \frac{13}{24}$

f) $\frac{\square}{\square} + \frac{5}{12} = \frac{41}{48}$

g) $\frac{19}{96} - \frac{1}{6} = \frac{\square}{\square}$

h) $\frac{3}{12} + \frac{\square}{\square} = \frac{7}{16}$

i) $\frac{\square}{\square} - \frac{2}{3} = \frac{11}{6}$

Lösungswort: ____________________

		Nenner				
		2	4	8	16	32
Zähler	1	A	B	C	D	E
	3	F	G	H	I	K
	5	L	M	N	O	P
	7	Q	R	S	T	U
	9	V	W	X	Y	Z

2 Opa Lustig hat im Bruchhäuser Lotto gewonnen und teilt seinen Gewinn auf. $\frac{2}{5}$ sollen seine Enkel, $\frac{1}{4}$ seine Kinder, $\frac{1}{6}$ sein Bruder und $\frac{1}{8}$ seine Schwester bekommen.

a) Welchen Anteil erhalten seine Nachkommen? ____________________

b) Welcher Anteil bleibt für die Oma übrig? ____________________

c) Wie verteilt er sein Geld, wenn sein Gewinn 847 BM (Bruchmark) beträgt? ____________________

____

3 Finde heraus, welche Aufgaben falsch gerechnet sind. Welches Wort lässt sich aus den Buchstaben bilden, die bei den falsch gerechneten Aufgaben stehen?

A	$\frac{3}{8} + \frac{5}{12} = \frac{19}{24}$	B	$\frac{3}{4} - \frac{11}{20} = \frac{1}{5}$	C	$\frac{3}{5} + \frac{2}{3} = \frac{5}{8}$	D	$\frac{8}{15} + \frac{3}{35} = \frac{13}{21}$
E	$\frac{11}{15} - \frac{4}{9} = \frac{11}{45}$	H	$\frac{9}{10} - \frac{5}{7} = \frac{4}{3}$	L	$6\frac{5}{14} + 1\frac{2}{21} = 7\frac{29}{42}$	S	$4\frac{3}{4} - 1\frac{7}{12} = 2\frac{1}{6}$
T	$1\frac{3}{5} + \frac{2}{3} = 2\frac{4}{15}$	U	$3\frac{1}{6} - \frac{2}{3} = 3\frac{1}{2}$				

Lösungswort: ____________________

4 Ergänze so, dass die Summe längs jeder Verbindungsstrecke 1 ergibt.

a)

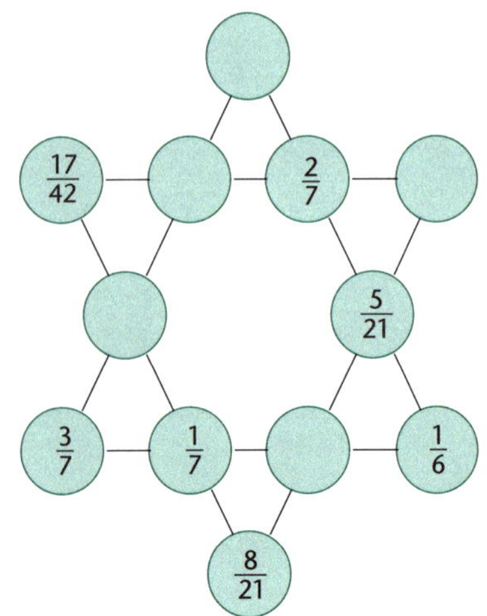

b)

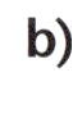

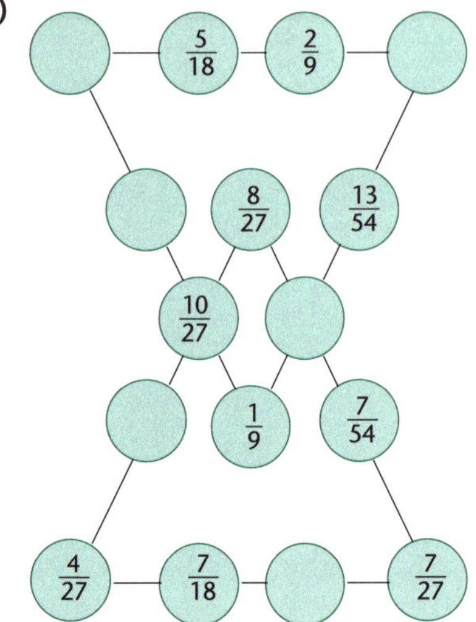

Multiplikation von Brüchen

1 Berechne. Kürze, wenn möglich.

a) $\frac{2}{7} \cdot \frac{3}{5} =$ ______

b) $\frac{7}{12} \cdot \frac{4}{11} =$ ______

c) $\frac{5}{16} \cdot \frac{8}{15} =$ ______

d) $\frac{3}{14} \cdot \frac{21}{36} =$ ______

e) $\frac{11}{4} \cdot \frac{3}{2} =$ ______

f) $\frac{18}{5} \cdot \frac{7}{6} =$ ______

2 Berechne. Gib die Ergebnisse mit Bruchzahlen an. Kürze, wenn möglich.

a) $\frac{3}{4}$ von $\frac{2}{5}$ km ______

b) $\frac{3}{7}$ von $\frac{14}{15}$ kg ______

c) $\frac{5}{8}$ von $\frac{3}{10}$ ℓ ______

d) $\frac{9}{14}$ von $\frac{7}{12}$ ha ______

e) $\frac{5}{6}$ von $\frac{9}{4}$ h ______

f) $\frac{2}{3}$ von $\frac{1}{6}$ m ______

Lösungen zu Aufgaben 1 und 2 (ohne Einheiten): $\frac{2}{5}$; $4\frac{1}{5}$; $\frac{1}{6}$; $\frac{1}{8}$; $\frac{3}{8}$; $1\frac{7}{8}$; $4\frac{1}{8}$; $\frac{1}{9}$; $\frac{3}{10}$; $\frac{3}{16}$; $\frac{7}{33}$; $\frac{6}{35}$

3 Setze die passende Ziffer ein. In jedes Kästchen kommt nur eine Ziffer.

$\frac{3}{7} \cdot \frac{4}{\square} = \frac{12}{35}$ $\qquad$ $\frac{4}{9} \cdot \frac{\square}{3} = \frac{8}{27}$ $\qquad$ $\frac{3}{\square} \cdot \frac{\square}{5} = \frac{9}{40}$

$\frac{4}{9} \cdot \frac{3}{\square} = \frac{4}{21}$ $\qquad$ $\frac{3}{8} \cdot \frac{\square}{9} = \frac{1}{12}$ $\qquad$ $\frac{5}{6} \cdot \frac{3}{\square} = \frac{\square}{16}$

4 Das Produkt zweier benachbarter Zahlen wird in das darüber bzw. darunter liegende Feld eingetragen. Fülle die Lücken aus.

a)

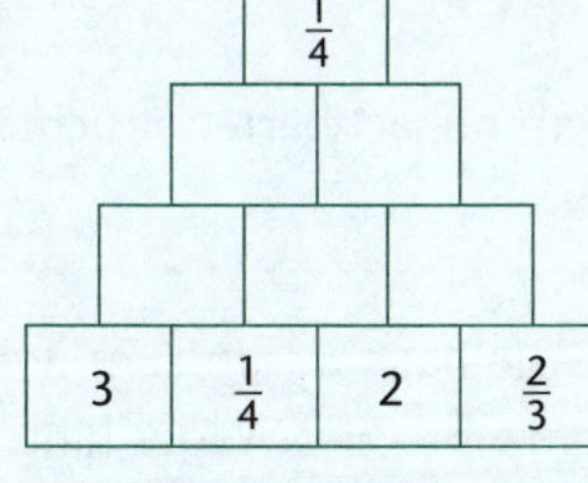

b)

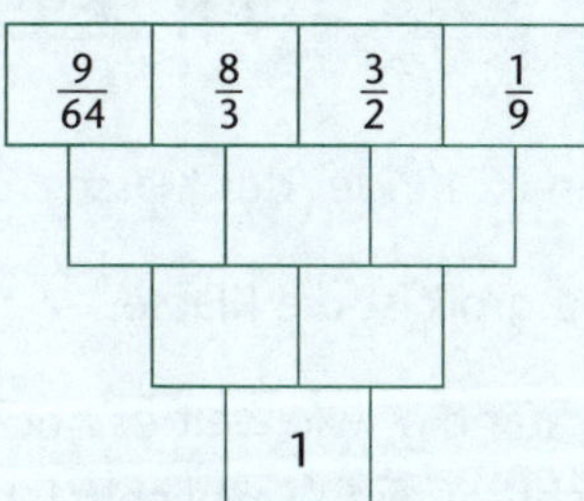

c)

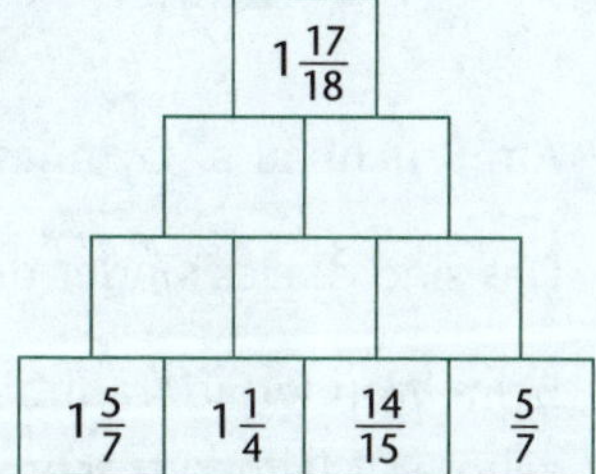

5 Jeder Kopf steht für eine der Ziffern 1, 2, …, 9. Finde heraus, welcher Kopf zu welcher Ziffer gehört.

Division von Brüchen

1 Berechne. Kürze, wenn möglich.

a) $\frac{3}{8} : \frac{2}{5} =$ ______________________

b) $\frac{3}{7} : \frac{2}{9} =$ ______________________

c) $\frac{7}{12} : \frac{5}{6} =$ ______________________

d) $\frac{11}{9} : \frac{22}{27} =$ ______________________

e) $\frac{11}{18} : \frac{4}{9} =$ ______________________

f) $\frac{9}{14} : \frac{27}{28} =$ ______________________

Lösungen: $1\frac{1}{2}$; $\frac{2}{3}$; $1\frac{3}{8}$; $\frac{7}{10}$; $\frac{15}{16}$; $1\frac{13}{14}$

2 Berechne. Das Ergebnis der ersten Aufgabe ist die erste Zahl der zweiten Aufgabe usw.
Wenn du nacheinander die zugehörigen Buchstaben notierst, kannst du das Lösungswort erkennen.

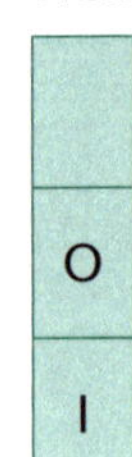

$\frac{6}{7} : 3 =$ *$\frac{2}{7}$*

$3 : \frac{5}{6} =$ ____________

$1\frac{5}{16} : 1\frac{1}{48} =$ ____________

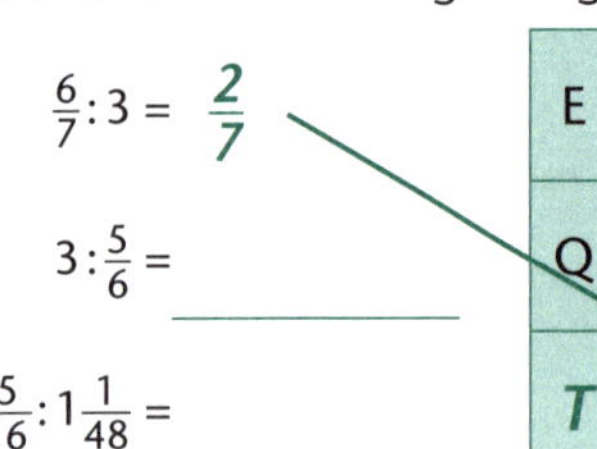

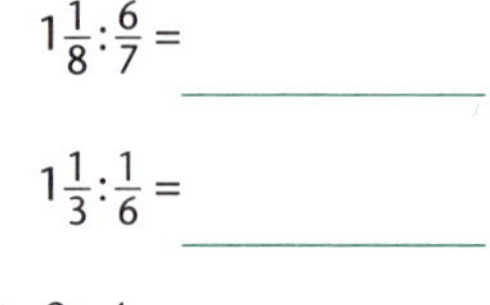

$1\frac{1}{8} : \frac{6}{7} =$ ____________

$1\frac{1}{3} : \frac{1}{6} =$ ____________

$\frac{2}{7} : \frac{4}{21} =$ ____________

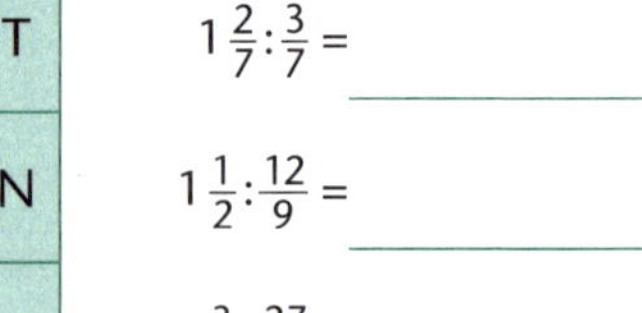

$1\frac{2}{7} : \frac{3}{7} =$ ____________

$1\frac{1}{2} : \frac{12}{9} =$ ____________

$3\frac{3}{5} : \frac{27}{10} =$ ____________

Lösungswort: *T* ____

3 Fülle die Lücken in der Rechenkette aus.

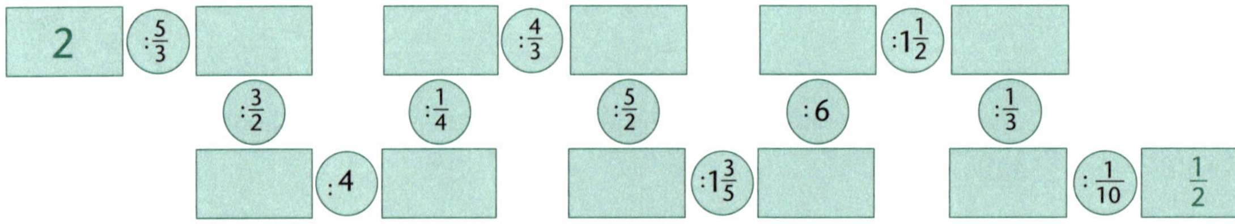

4 a) Am Bruchhäuser Gymnasium kommen 12 Kinder der Klasse 6d aus dem benachbarten Bruchtal.
Das sind $\frac{3}{7}$ aller Kinder der Klasse. Wie groß ist die Klasse? ______________________

b) Beim Wandertag fragt die kleine Elke ständig, wie weit es noch ist. Als sie nach $6\frac{3}{4}$ km zum dreizehnten Mal nervt, schmunzelt die Lehrerin Frau Fröhlich: „Jetzt haben wir $\frac{9}{13}$ des Weges hinter uns."
Wie weit müssen die Kinder noch laufen? ______________________

5 Die mit Streichhölzern gelegten Gleichungen sind alle falsch. Wenn man jeweils nur ein Streichholz verlegt, erhält man die richtigen Gleichungen.

a)
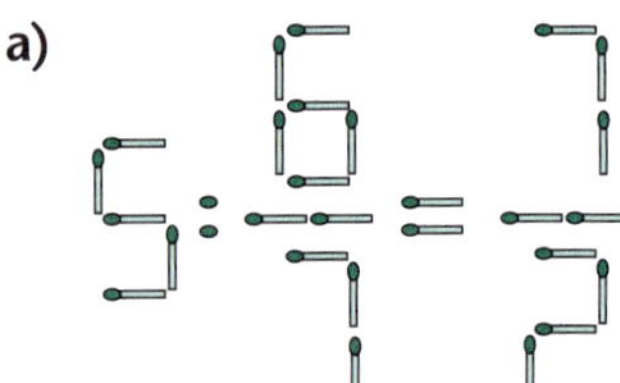

b)
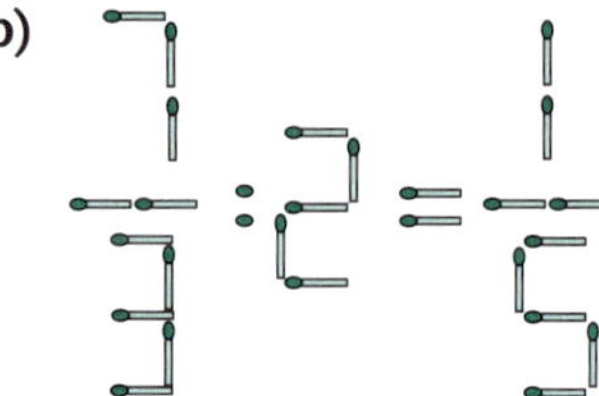

c)
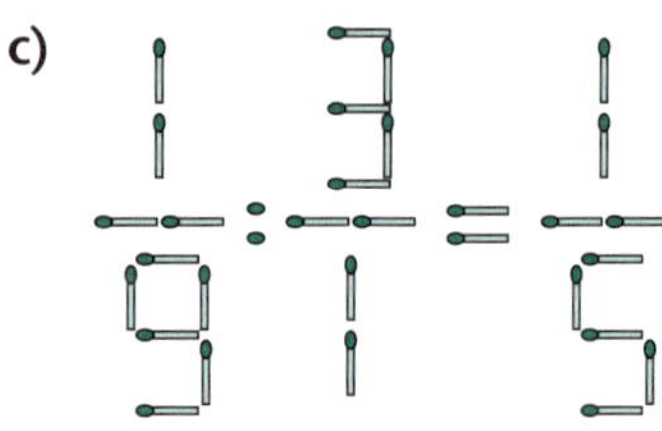

Multiplikation und Division von Brüchen 1

1 Berechne. Kürze, wenn möglich.

a) $8 \cdot \frac{5}{18} =$ ____________

b) $\frac{8}{11} : 4 =$ ____________

c) $5\frac{8}{11} : 7 =$ ____________

d) $2\frac{5}{7} \cdot 14 =$ ____________

e) $\frac{16}{21} \cdot \frac{7}{12} =$ ____________

f) $\frac{21}{22} : \frac{14}{55} =$ ____________

g) $5\frac{2}{3} \cdot \frac{3}{17} =$ ____________

h) $3\frac{1}{7} : \frac{11}{12} =$ ____________

2 Fülle die Lücken aus.

a)

1. Faktor	$\frac{2}{5}$	$\frac{3}{6}$		$\frac{7}{8}$	$\frac{4}{9}$	
2. Faktor	$\frac{1}{6}$		$\frac{6}{2}$	$\frac{2}{3}$		$5\frac{1}{4}$
Produkt		$\frac{1}{8}$	5		$\frac{8}{27}$	6

b)

Dividend	$\frac{1}{2}$	$\frac{3}{6}$		$\frac{2}{3}$	$2\frac{1}{5}$	
Divisor	$\frac{5}{4}$		$\frac{7}{2}$	$\frac{5}{4}$		$2\frac{1}{4}$
Quotient		$\frac{1}{8}$	$\frac{8}{63}$		$1\frac{7}{15}$	2

Lösungen zu Aufgaben 1 und 2: 38; 4; 1; $1\frac{1}{2}$; $4\frac{1}{2}$; $\frac{2}{3}$; $1\frac{2}{3}$; $\frac{1}{4}$; $3\frac{3}{4}$; $\frac{2}{5}$; $1\frac{1}{7}$; $3\frac{3}{7}$; $\frac{4}{9}$; $\frac{4}{9}$; $2\frac{2}{9}$; $\frac{2}{11}$; $\frac{9}{11}$; $\frac{7}{12}$; $\frac{1}{15}$; $\frac{8}{15}$

3 Berechne jeweils die gesuchte Größe. Die Lösung der ersten Aufgabe findest du als Größenangabe bei einem weiteren Rechteck usw. Wenn du mit dem Rechteck oben links beginnst, ergeben die unterwegs gefundenen Buchstaben das griechische Wort für Viereck.

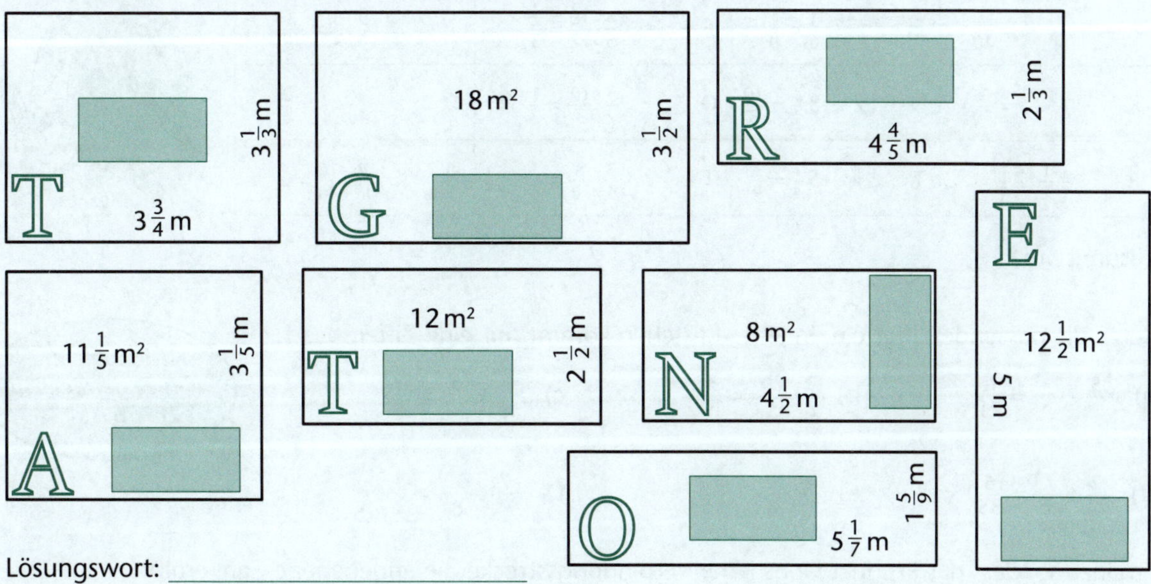

Lösungswort: ____________

4 Ergänze das Zauberquadrat so, dass das Produkt der Zahlen in den Zeilen, in den Spalten und in beiden Diagonalen den angegebenen Wert hat.

a)

1		
	$\frac{1}{3}$	
	2	

Produkt: $\frac{1}{27}$

b)

$\frac{3}{4}$		$\frac{9}{2}$
		$\frac{9}{4}$

Produkt: $\frac{27}{8}$

c)

$\frac{1}{9}$			$\frac{8}{9}$
	2		$\frac{1}{3}$
	$\frac{2}{3}$	$\frac{4}{3}$	
3		$\frac{2}{9}$	

Produkt: $\frac{80}{81}$

Multiplikation und Division von Brüchen 2

1 Fülle die Multiplikations- und die Divisionstabelle aus.

a)

$\cdot$	$\frac{1}{2}$			$1\frac{1}{2}$
$\frac{5}{9}$		$\frac{5}{12}$		
$2\frac{1}{4}$			$\frac{27}{40}$	

b)

$:$	$\frac{7}{6}$		$\frac{4}{6}$	
$1\frac{3}{4}$		$\frac{21}{10}$		$\frac{5}{4}$
	$\frac{4}{7}$			

Lösungen: 1; $1\frac{1}{2}$; $\frac{2}{3}$; $\frac{3}{4}$; $\frac{4}{5}$; $1\frac{2}{5}$; $\frac{1}{6}$; $\frac{5}{6}$; $\frac{5}{6}$; $1\frac{1}{8}$; $2\frac{5}{8}$; $3\frac{3}{8}$; $\frac{3}{10}$; $1\frac{11}{16}$; $\frac{5}{18}$; $\frac{10}{21}$

2 Fülle die Lücken in der Rechenkette aus.

$\frac{5}{6}$ $\cdot\frac{3}{4}$ [ ] $:\frac{15}{6}$ [ ] $\cdot\frac{7}{9}$ [ ] $:1\frac{3}{4}$ [ ] $\cdot\frac{18}{13}$ [ ] $\cdot\frac{26}{14}$ [ ] $:\frac{5}{21}$ [ ] $:\frac{5}{2}$ [ ] $\cdot\frac{4}{9}$ [ ] $\cdot 1\frac{1}{4}$ [ ] $:\frac{2}{9}$ $\frac{6}{5}$

3 Finde heraus, welche Aufgaben falsch gerechnet sind. Welches Wort lässt sich aus den Buchstaben bilden, die bei den falsch gerechneten Aufgaben stehen?

A	$\frac{3}{8}\cdot\frac{4}{5}=\frac{3}{10}$	E	$\frac{4}{3}:\frac{1}{6}=\frac{1}{8}$	F	$\frac{4}{5}\cdot\frac{10}{12}=\frac{2}{3}$	I	$\frac{9}{6}:\frac{5}{4}=\frac{3}{10}$
K	$\frac{3}{8}:\frac{5}{4}=\frac{3}{10}$	N	$2\frac{2}{3}\cdot 3\frac{3}{4}=\frac{10}{3}$	O	$\frac{5}{2}\cdot\frac{10}{3}=\frac{1}{3}$	Q	$\frac{9}{16}:\frac{3}{8}=\frac{2}{3}$
R	$4\frac{1}{2}:2\frac{1}{4}=2$	T	$1\frac{5}{7}\cdot 5\frac{1}{4}=\frac{1}{9}$	T	$\frac{3}{4}\cdot\frac{8}{18}=\frac{1}{6}$	U	$\frac{4}{13}:\frac{16}{26}=2$

Lösungswort: ______________________

4 Setze die passende Ziffer ein. In jedes Kästchen kommt nur eine Ziffer.

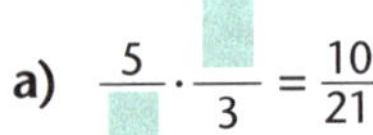

a) $\frac{5}{\square}\cdot\frac{\square}{3}=\frac{10}{21}$　b) $\frac{3}{8}\cdot\frac{\square}{5}=\frac{3}{10}$　c) $\frac{\square}{6}\cdot\frac{3}{\square}=\frac{5}{8}$

d) $\frac{2}{\square}:\frac{7}{\square}=\frac{6}{35}$　e) $\frac{4}{9}:\frac{\square}{6}=\frac{8}{15}$　f) $\frac{7}{\square}:\frac{\square}{8}=\frac{4}{3}$

Die Summe aller eingetragenen Ziffern ist 48.

5 Ergänze so, dass das Produkt längs jeder Verbindungsstrecke die angegebene Zahl ergibt.

a)

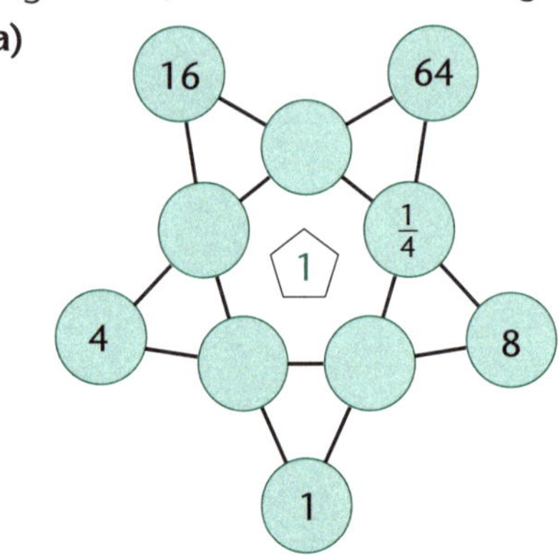

b)

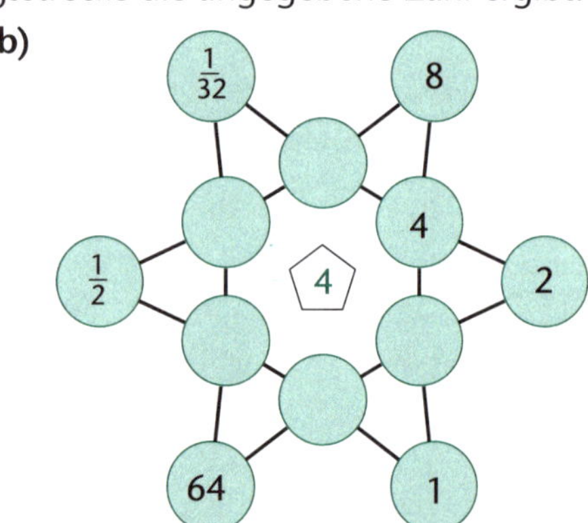

Rechnen mit Brüchen 1

1 Berechne. Kürze, wenn möglich.

a) $\frac{3}{5} + \frac{4}{25} =$ __________ b) $\frac{3}{4} - \frac{11}{20} =$ __________

c) $\frac{16}{21} \cdot \frac{4}{12} =$ __________ d) $\frac{21}{14} : \frac{14}{33} =$ __________

e) $\frac{9}{14} + \frac{3}{35} =$ __________ f) $\frac{11}{15} - \frac{4}{9} =$ __________

g) $5\frac{2}{3} \cdot \frac{3}{17} =$ __________ h) $9\frac{1}{8} : 8\frac{1}{9} =$ __________

Lösungen: 1; $\frac{1}{5}$; $1\frac{1}{8}$; $\frac{19}{25}$; $3\frac{15}{28}$; $\frac{13}{45}$; $\frac{16}{63}$; $\frac{51}{70}$

2 Welche Bruchzahl musst du einsetzen?
Die Lösungen stellen eine Geheimschrift dar, die du mithilfe der Tabelle entschlüsseln kannst.

a) $\frac{3}{5} \cdot \frac{\square}{\square} = 1\frac{1}{20}$ b) $\frac{\square}{\square} + \frac{3}{5} = 1\frac{1}{10}$

c) $\frac{11}{16} - \frac{\square}{\square} = \frac{1}{4}$ d) $\frac{\square}{\square} : \frac{3}{8} = \frac{1}{2}$

e) $\frac{5}{6} + \frac{\square}{\square} = 1\frac{7}{48}$ f) $\frac{\square}{\square} - \frac{3}{6} = \frac{1}{8}$

g) $3\frac{1}{4} : \frac{\square}{\square} = 6\frac{1}{2}$ h) $\frac{\square}{\square} \cdot \frac{4}{12} = \frac{5}{6}$ __________

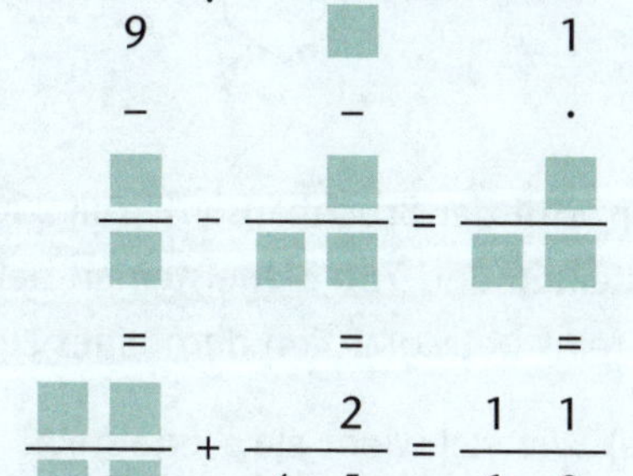

		Nenner				
		2	4	8	16	32
Zähler	1	A	B	C	D	E
	3	F	G	H	I	K
	5	L	M	N	O	P
	7	Q	R	S	T	U
	9	V	W	X	Y	Z

3 Setze die passende Ziffer ein. In jedes Kästchen kommt nur eine Ziffer.

a)
$$\frac{\square}{\square} \cdot \frac{2}{3} = \frac{1}{3}$$
$$: \quad : \quad :$$
$$\frac{5}{2} \cdot \frac{\square}{\square} = \frac{\square}{\square}$$
$$= \quad = \quad =$$
$$\frac{\square}{\square} \cdot \frac{\square}{\square} = \frac{1}{9}$$

b)
$$\frac{\square}{\square\square} + \frac{5}{8} = \frac{25}{24}$$
$$- \quad - \quad -$$
$$\frac{1}{6} + \frac{\square}{\square} = \frac{\square}{\square\square}$$
$$= \quad = \quad =$$
$$\frac{\square}{\square} + \frac{37}{72} = \frac{\square\square}{\square\square}$$

c)
$$\frac{11}{9} : \frac{\square}{\square} = \frac{11}{1}$$
$$- \quad - \quad \cdot$$
$$\frac{\square}{\square} - \frac{\square}{\square\square} = \frac{\square}{\square\square}$$
$$= \quad = \quad =$$
$$\frac{\square\square}{\square\square} + \frac{2}{45} = \frac{11}{10}$$

4 Jeder Kopf steht für eine der Ziffern 0, 1, … , 9. Finde heraus, welcher Kopf zu welcher Ziffer gehört.

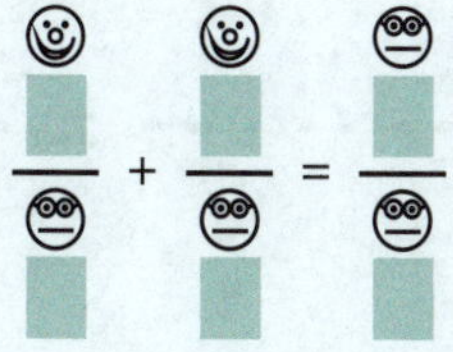

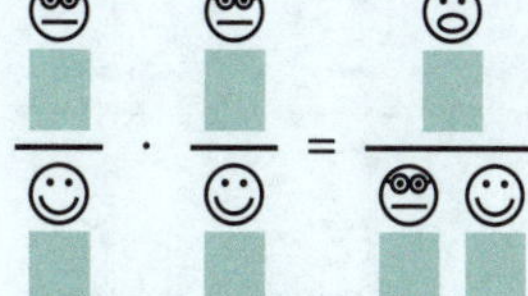

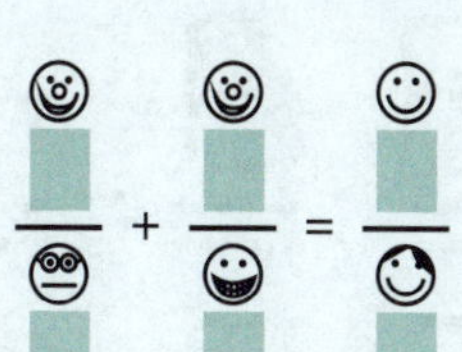

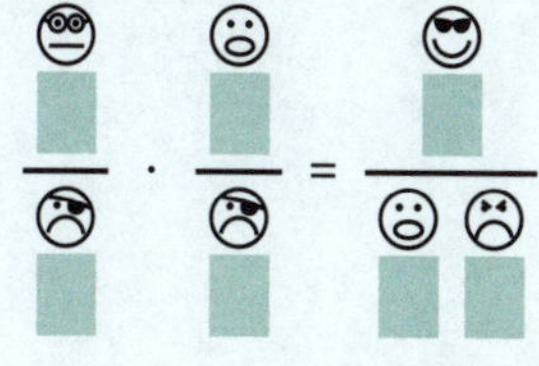

Rechnen mit Brüchen 2

1 Fülle die Lücken in der Rechenkette aus.

4	$\cdot\frac{1}{6}$		$+\frac{3}{8}$		$:\frac{5}{6}$		$-\frac{1}{6}$		$+\frac{5}{18}$		$\cdot\frac{3}{14}$		$:\frac{7}{6}$	$\frac{1}{4}$

2 Finde heraus, welche Aufgaben falsch gerechnet sind. Welches Wort lässt sich aus den Buchstaben bilden, die bei den falsch gerechneten Aufgaben stehen?

F	$\frac{3}{4}+\frac{1}{6}=\frac{4}{10}$	Q	$\frac{5}{8}-\frac{3}{10}=\frac{13}{40}$	A	$\frac{2}{5}\cdot 3=\frac{6}{15}$	K	$\frac{5}{6}:3=\frac{5}{2}$
U	$3\frac{2}{3}\cdot\frac{5}{11}=1\frac{2}{3}$	T	$\frac{15}{12}+\frac{2}{8}=\frac{11}{2}$	O	$1\frac{5}{8}-\frac{5}{6}=1\frac{5}{24}$	I	$\frac{5}{4}:3\frac{1}{8}=\frac{2}{5}$
R	$\frac{7}{8}:\frac{1}{7}=\frac{1}{8}$	P	$1\frac{5}{18}+\frac{1}{6}=1\frac{4}{9}$	E	$\frac{7}{9}\cdot\frac{12}{14}=\frac{1}{3}$	N	$1\frac{3}{6}-\frac{5}{6}=1\frac{2}{6}$

Lösungswort: ____________________

3 **a)** Ergänze so, dass die Summe längs jeder Strecke die Zahl $\frac{13}{4}$ ergibt.

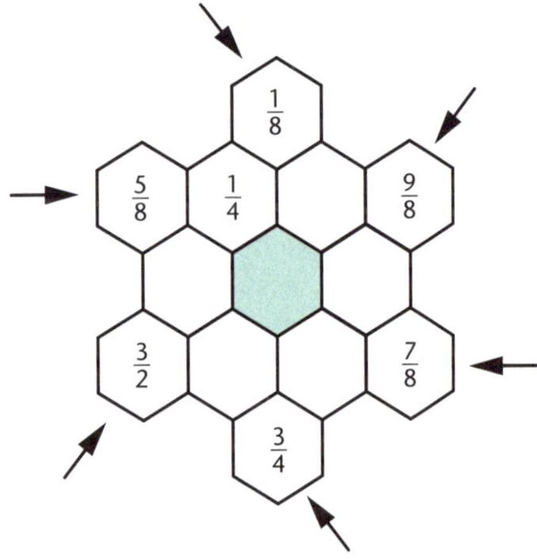

b) Ergänze so, dass das Produkt der Zahlen in allen Zeilen und in allen Spalten immer die Zahl $\frac{5}{24}$ ergibt.

$\frac{4}{3}$		$\frac{5}{6}$	$\frac{9}{4}$
$\frac{5}{12}$	2		
		$\frac{1}{4}$	$\frac{5}{3}$
$\frac{3}{4}$			$\frac{1}{3}$

4 Im Hof der Bruchhäuser Firma „SCHNELLBAU" steht der $7\frac{1}{2}$-Tonner. Er wird mit 1000 Hohlblocksteinen und 750 Ziegelsteinen beladen. Ein Hohlblockstein wiegt $3\frac{9}{10}$ kg, das Gewicht eines Ziegelsteins beträgt $\frac{2}{3}$ von dem eines Hohlblocksteins.

a) Wie viel wiegt ein Ziegelstein? ____________ **b)** Wie viel wiegt die Ladung? ____________

c) Wie viel könnte noch zugeladen werden? ____________________

5 Die mit Streichhölzern gelegten Gleichungen sind alle falsch. Wenn man jeweils nur ein Streichholz verlegt, erhält man die richtigen Gleichungen.

a) $\frac{1}{8}+\frac{9}{6}=\frac{6}{8}$

b)

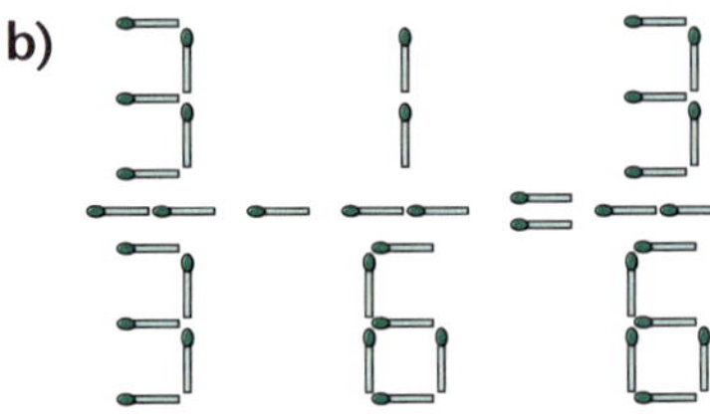

c)

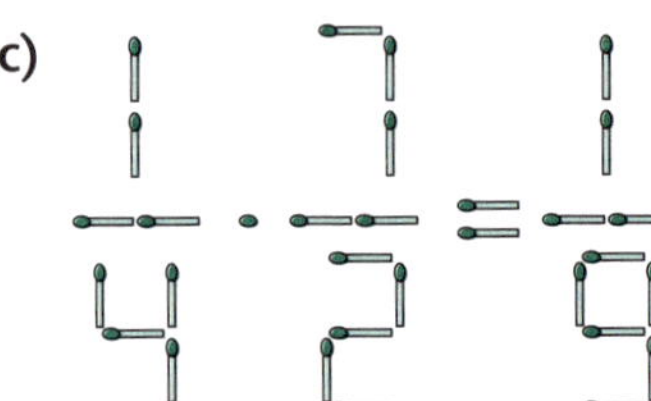

d)

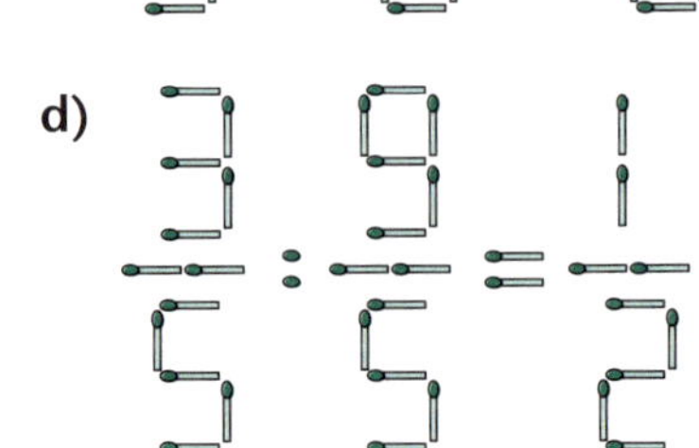

Terme mit Brüchen 1

1 Berechne die Terme. Kürze, wenn möglich.

a) $\left(\frac{3}{5}+\frac{2}{10}\right)\cdot\frac{5}{4}=$ ___

b) $\left(\frac{1}{2}-\frac{1}{3}\right):\frac{1}{4}=$ ___

c) $\frac{4}{9}-\frac{5}{6}\cdot\frac{4}{9}=$ ___

d) $\frac{3}{4}:\left(\frac{4}{5}\cdot\frac{1}{8}\right)=$ ___

e) $\left(\frac{3}{5}-\frac{2}{10}\right)\cdot\left(\frac{3}{5}+\frac{2}{10}\right)=$ ___

f) $\left(\frac{3}{5}-\frac{2}{10}\right):\left(\frac{3}{5}+\frac{2}{10}\right)=$ ___

g) $\frac{2}{5}\cdot\frac{5}{8}+\frac{3}{4}\cdot\frac{2}{9}=$ ___

h) $\frac{2}{5}\cdot\left(\frac{5}{8}+\frac{3}{4}\cdot\frac{2}{9}\right)=$ ___

Lösungen: $1;\ \frac{1}{2};\ 7\frac{1}{2};\ \frac{2}{3};\ \frac{5}{12};\ \frac{8}{25};\ \frac{2}{27};\ \frac{19}{60}$

2 Übersetze die Terme und berechne sie.

Dividiere die Differenz von $\frac{2}{3}$ und $\frac{1}{4}$ durch $\frac{5}{6}$. $\quad \left(\frac{2}{3}-\frac{1}{4}\right):\frac{5}{6} = \frac{5}{12}:\frac{5}{6} = \frac{1}{2}$

a) Dividiere $\frac{7}{8}$ durch die Summe von $\frac{5}{8}$ und $\frac{5}{6}$. ___ = ___ = ___

b) Addiere $\frac{3}{2}$ zum Quotienten von $\frac{7}{12}$ und $\frac{1}{6}$. ___ = ___ = ___

c) Multipliziere die Summe von $\frac{4}{9}$ und $\frac{2}{6}$ mit $\frac{3}{7}$. ___ = ___ = ___

d) Subtrahiere von $\frac{7}{8}$ die Summe von $\frac{1}{4}$ und $\frac{1}{6}$. ___ = ___ = ___

e) Dividiere $\frac{3}{8}$ durch den Quotienten von $\frac{1}{6}$ und $\frac{1}{3}$. ___ = ___ = ___

f) Multipliziere $\frac{6}{7}$ mit der Differenz von $\frac{5}{6}$ und $\frac{3}{4}$. ___ = ___ = ___

Lösungen: $5;\ \frac{1}{3};\ \frac{3}{4};\ \frac{3}{5};\ \frac{1}{14};\ \frac{11}{24}$

3 Setze jeweils ein und berechne.

	$\frac{3}{8}+3\cdot\square$	$\frac{1}{6}+2:\square$	$\left(\frac{1}{2}+\square\right)\cdot\frac{1}{6}$	$\frac{1}{3}\cdot\left(\frac{1}{4}+\frac{1}{2}:\square\right)$
$\frac{1}{2}$				
$\frac{2}{3}$				
$\frac{3}{4}$				

Lösungen: $\frac{1}{3};\ \frac{1}{6};\ 2\frac{5}{6};\ 3\frac{1}{6};\ 4\frac{1}{6};\ 1\frac{7}{8};\ 2\frac{3}{8};\ 2\frac{5}{8};\ \frac{5}{12};\ \frac{5}{24};\ \frac{7}{36};\ \frac{11}{36}$

4 Setze die passende Zahl ein.

a) $\_\_\_ - \frac{2}{3} = \frac{1}{6}$

b) $\_\_\_ \cdot \frac{5}{6} = \frac{2}{9}$

c) $\frac{1}{2}\cdot\_\_\_ + \frac{1}{3} = \frac{5}{6}$

d) $\_\_\_ \cdot \frac{3}{4} - \frac{5}{9} = \frac{1}{6}$

e) $\_\_\_ : \frac{4}{7} + \frac{2}{7} = \frac{11}{14}$

f) $\frac{23}{64} : \_\_\_ - \frac{5}{12} = \frac{13}{24}$

Lösungen: $1;\ \frac{5}{6};\ \frac{2}{7};\ \frac{3}{8};\ \frac{4}{15};\ \frac{26}{27}$

Terme mit Brüchen 2

1 Berechne die Terme und trage die Ergebnisse an entsprechender Stelle im Stern ein.

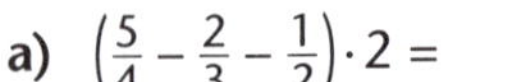

a) $\left(\frac{5}{4} - \frac{2}{3} - \frac{1}{2}\right) \cdot 2 =$ ______ b) $\frac{5}{4} \cdot \frac{2}{3} - \frac{1}{2} =$ ______

c) $\frac{1}{4} : \left(\frac{2}{3} - \frac{1}{2}\right) =$ ______ d) $\left(\frac{5}{4} - \frac{2}{3}\right) \cdot \frac{1}{2} + \frac{3}{8} =$ ______

e) $\frac{5}{4} : \frac{2}{3} + \frac{1}{8} =$ ______ f) $\frac{5}{2} \cdot \frac{2}{3} \cdot \frac{1}{2} + \frac{1}{6} =$ ______

g) $\frac{1}{4} : \frac{2}{3} + \frac{1}{8} =$ ______ h) $\left(\frac{5}{4} - \frac{2}{3}\right) : \frac{1}{2} =$ ______

i) $\frac{5}{4} \cdot \frac{2}{3} + \frac{1}{2} =$ ______ k) $5 \cdot \left(\frac{2}{3} - \frac{1}{2}\right) =$ ______

l) $\frac{5}{4} \cdot \frac{2}{3} : \frac{1}{2} =$ ______ m) $\left(\frac{1}{4} + \frac{2}{3}\right) : \frac{1}{2} =$ ______

Wenn du richtig gerechnet hast, haben die Summen in den getönten Feldern immer denselben Wert.

2 Finde heraus, welche Aufgaben falsch gerechnet sind. Welches Wort lässt sich aus den Buchstaben bilden, die bei den falsch gerechneten Aufgaben stehen?

E	$\frac{3}{14} + \frac{2}{7} \cdot \frac{1}{4} = \frac{1}{8}$	F	$\frac{5}{6} - \left(\frac{3}{4} - \frac{1}{2}\right) = \frac{7}{12}$	G	$\frac{5}{8} : \frac{3}{4} - \frac{1}{6} \cdot \frac{3}{2} = \frac{7}{12}$
M	$\frac{3}{4} : \frac{2}{3} - \frac{3}{8} = \frac{1}{8}$	N	$\frac{1}{2} \cdot \left(\frac{5}{6} - \frac{3}{4}\right) : \frac{1}{12} = \frac{1}{2}$	R	$\frac{11}{12} - \frac{5}{12} \cdot \frac{1}{4} + \frac{7}{8} = 1$
S	$\frac{1}{2} \cdot \left(\frac{5}{6} - \frac{3}{4} : \frac{9}{2}\right) = \frac{1}{3}$	T	$\left(\frac{5}{6} - \frac{1}{9}\right) : \frac{13}{9} + \frac{5}{9} = \frac{13}{36}$		

Lösungswort: ______________________

3 Berechne jeweils die fehlende Größe.

a)  $b = 1\frac{2}{3}$ m

a = ______ $U = 7\frac{2}{3}$ m

b) 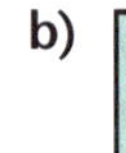 b = ______

$a = 3\frac{3}{4}$ m $U = 9\frac{5}{6}$ m

c) 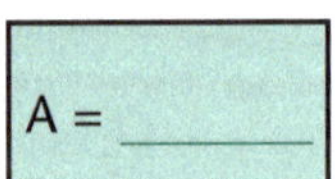 A = ______ $b = 1\frac{2}{3}$ m

$U = 17\frac{2}{3}$ m

4 Setze, falls erforderlich, Klammern, sodass die Rechnung richtig wird.

a) $\frac{2}{3} \cdot \frac{1}{8} + \frac{1}{6} = \frac{1}{4}$ b) $\frac{1}{6} : \frac{5}{6} - \frac{2}{3} = 1$ c) $\frac{5}{6} - \frac{2}{9} \cdot \frac{6}{11} = \frac{1}{3}$

d) $\frac{11}{14} - \frac{3}{7} : \frac{3}{2} = \frac{1}{2}$ e) $\frac{5}{12} + \frac{3}{8} : \frac{3}{4} = \frac{11}{12}$ f) $\frac{5}{9} : \frac{3}{2} + \frac{1}{6} = \frac{1}{3}$

g) $\frac{7}{12} - \frac{1}{4} \cdot \frac{2}{3} = \frac{5}{12}$ h) $\frac{1}{18} + \frac{1}{12} : \frac{5}{9} = \frac{1}{4}$ i) $\frac{2}{5} \cdot \frac{1}{2} + \frac{3}{4} \cdot \frac{1}{3} = \frac{1}{6}$

5 Setze Rechenzeichen und gegebenenfalls Klammern, sodass das Ergebnis stimmt.

a) $\frac{3}{4} \quad \frac{1}{2} \quad \frac{1}{2} = \frac{1}{2}$ b) $\frac{8}{9} \quad \frac{1}{3} \quad \frac{2}{9} = \frac{1}{3}$

c) $\frac{3}{4} \quad \frac{1}{2} \quad \frac{1}{2} = \frac{1}{8}$ d) $\frac{8}{9} \quad \frac{1}{3} \quad \frac{2}{9} = 8$

Symmetrie in Raum und Ebene

1 Die Figuren sind achsensymmetrisch oder drehsymmetrisch.
Trage Spiegelachsen oder Drehzentrum ein.

a) 

b) 

c) 

d) 

e) 

f) 

2 Unsere Verkehrsschilder haben eine symmetrische Grundform, da Menschen sich symmetrische Symbole leichter einprägen und auch wieder erkennen können.
Trage Spiegelachsen oder Drehzentrum ein.

a) 

b) 

c) 

d) 

e) 

f) 

Welches Verkehrsschild ist weder dreh- noch achsensymmetrisch? ______________________

3 a) 

b) 

c) 

d) 

e) 

f) 

Welche Körper sind spiegelsymmetrisch? ______________________

Welche Körper sind drehsymmetrisch? ______________________

Achsenspiegelung 1 – Entdeckungen an Buchstaben und Ziffern

1 a) Welche 16 Buchstaben sind achsensymmetrisch?

____

b) Welche zwölf Buchstaben haben genau eine Symmetrieachse?

____

c) Welche vier Buchstaben haben genau zwei Symmetrieachsen?

____

A B C D
E F G H
I J K L
M N O P
Q R S T
U V W
X Y Z
1 2 3 4 5
6 7 8 9 0

2 a) Welche drei Ziffern sind achsensymmetrisch?

____

b) Zeichne die Symmetrieachsen ein.

333 **906** **8008**

3803 **484** **37073**

Welche der Zahlen sind achsensymmetrisch?

____

3 Zeichne die Symmetrieachsen ein.

OTTO **MORD** **KOCH**

BEIN **OHO** **DIEBE**

a) Welche Wörter sind achsensymmetrisch?

____

b) Welche Buchstaben kannst du verwenden, um Wörter mit zwei Symmetrieachsen zu bilden?

____

4 Entschlüssele die Geheimschrift durch Spiegeln.

Welcher Fehler ist unterlaufen? ____

Achsenspiegelung 2

1 Zeichne, wenn möglich, die Symmetrieachsen ein.

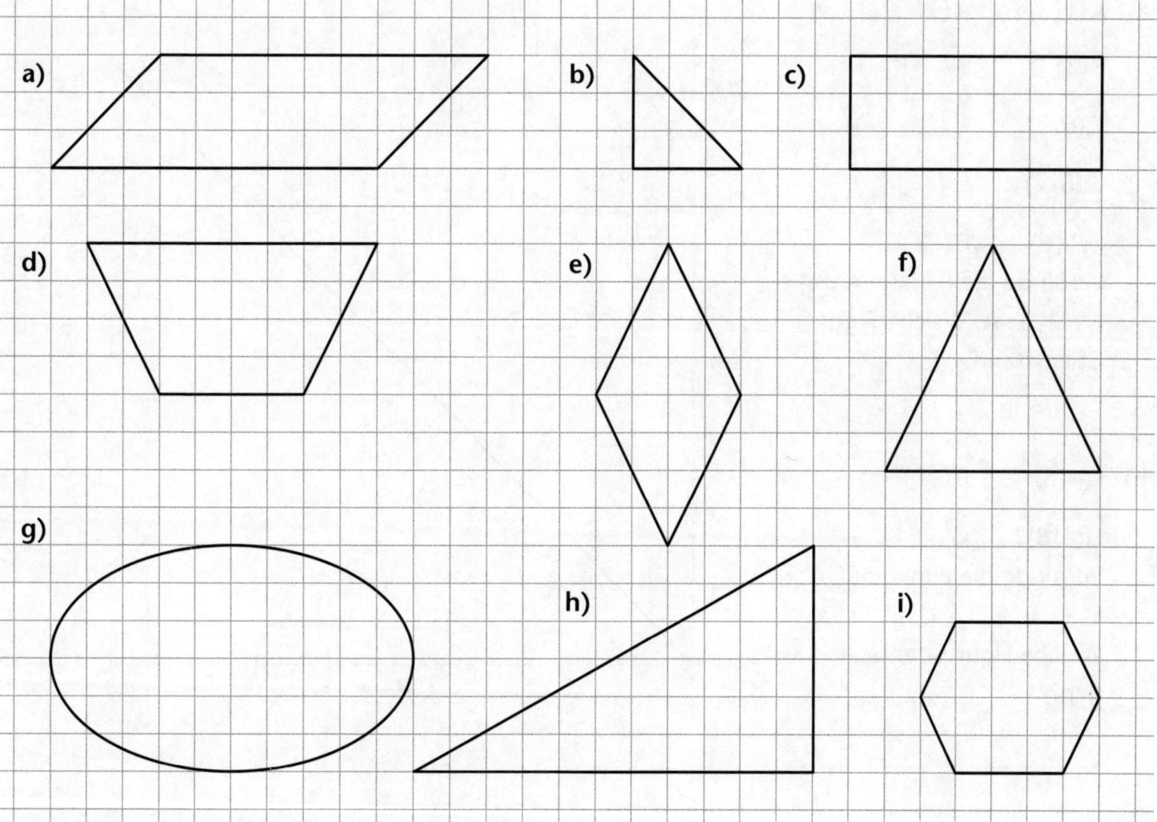

2 Ergänze die Spiegelbilder.

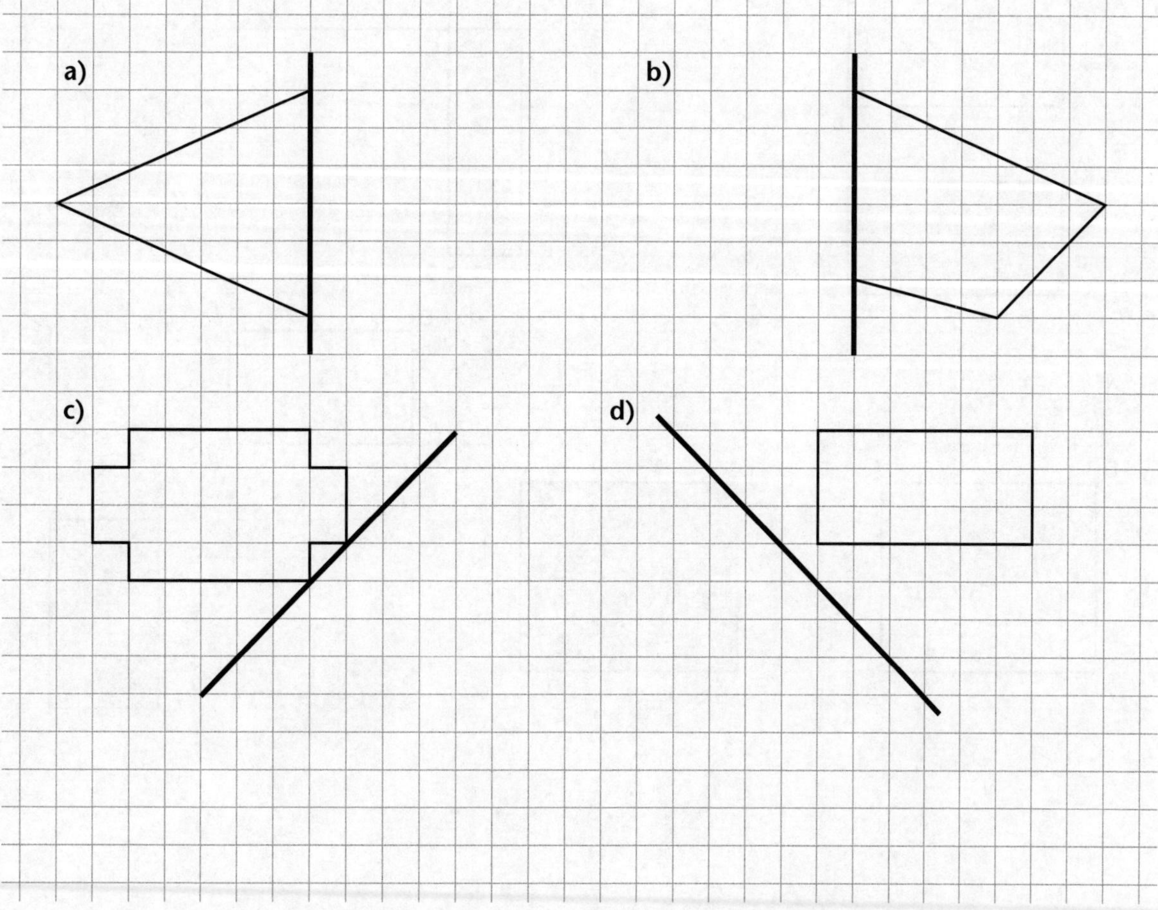

Achsenspiegelung 3

1 Zeichne die Punkte und spiegle sie an der Geraden.

a) A(1 | 3) A′(|)

B(3 | 3) B′(|)

C(6 | 3) C′(|)

D(8 | 2) D′(|)

E(1 | 6) E′(|)

Verbinde die Punkte: A, B, C′, D′, E, A. Welche Figur ist entstanden?

____

b) F(4 | 5) F′(|)

G(4 | 8) G′(|)

Verbinde die Punkte: B′, A′, E′, C, B, F′, G′, C, E′, D, G′. Welche Figur ist entstanden?

____

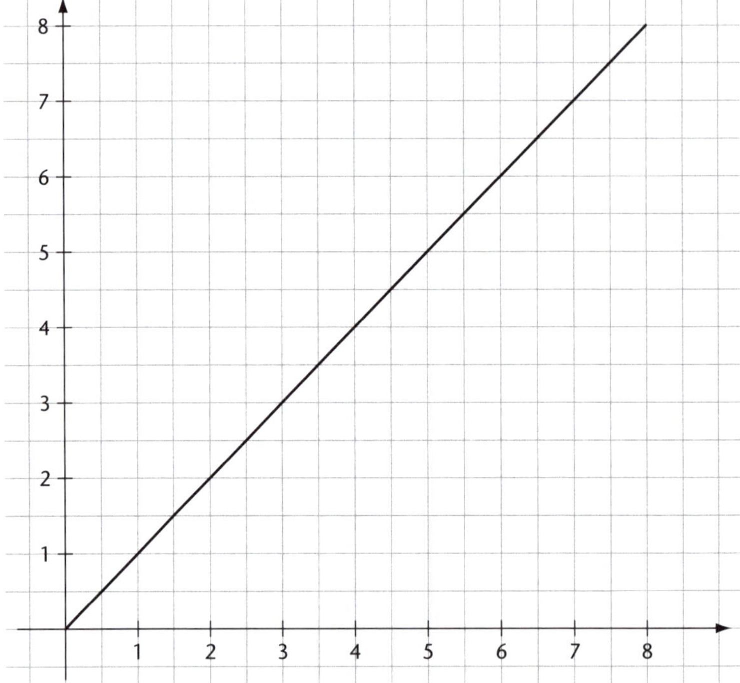

2 Wo liegt die Spiegelachse? Bezeichne die Bildpunkte.

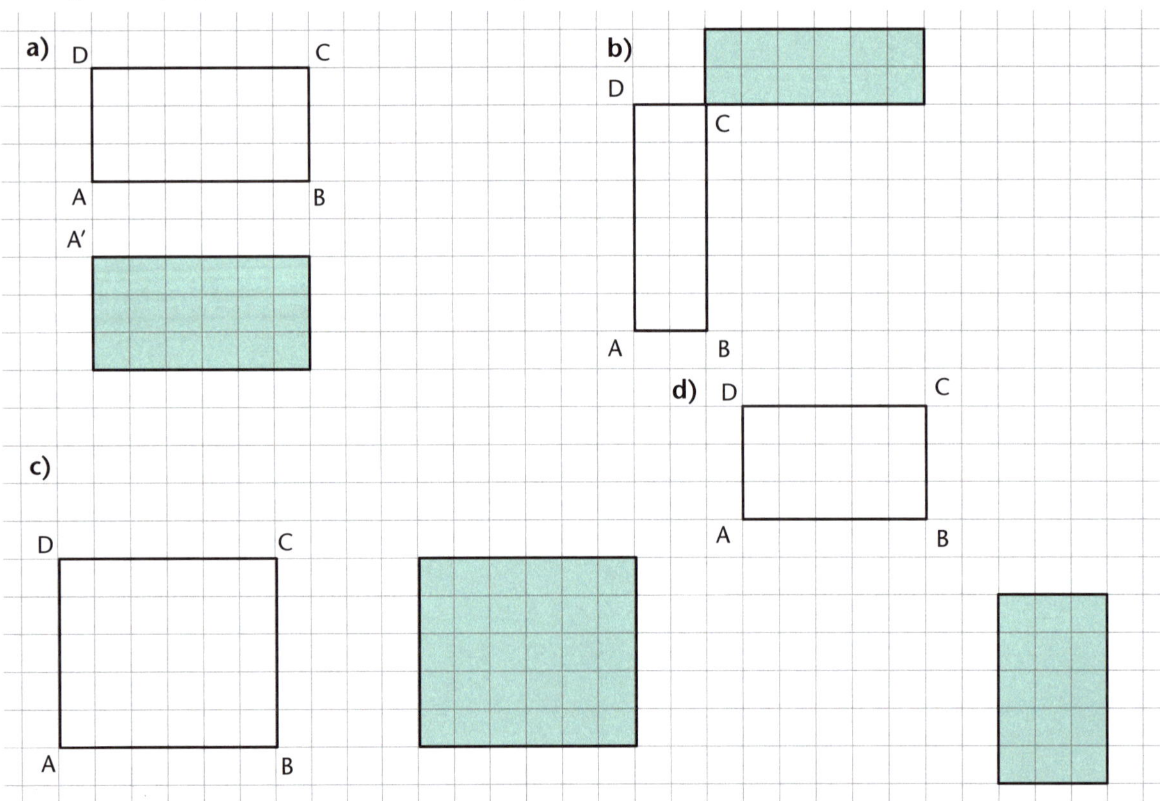

Achsenspiegelung mit einem randlosen Spiegel

1 Bastian Balthasar Bux stiehlt in einem Laden ein geheimnisvolles Buch mit dem Titel „Die unendliche Geschichte". Was steht auf der Glasscheibe der Ladeneingangstür?

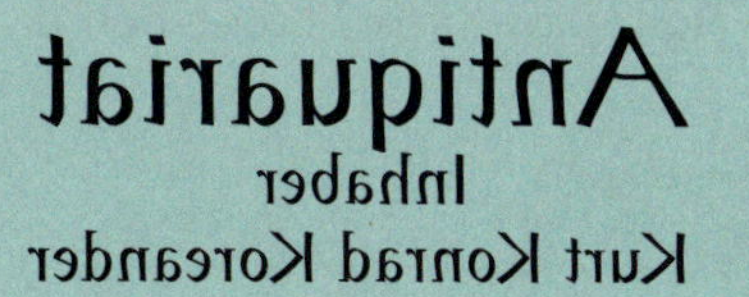

2 a) Welches Datum ist im Abdruck des Stempels zu lesen?

b) Wie muss der 31.05.2009 auf dem Stempel aussehen?

c) Schreibe deinen Geburtstag für einen Stempel auf. Überprüfe mit dem Spiegel.

3 Stelle den Spiegel so auf, dass du 1, 2, 3, … Kreise siehst.

Für welche Anzahlen von Kreisen geht das?

4 Der Spiegel verändert.

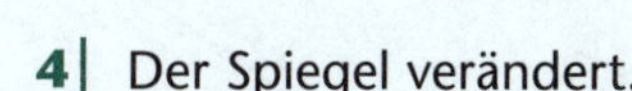

a) Ergänze das fehlende Stück.

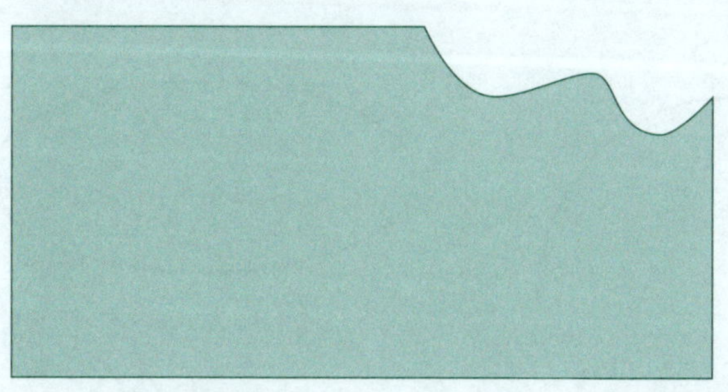

b) Lass den Clown lachen oder weinen.

5 Setze das Muster weiter fort. Erkennst du die Zahlen?

Drehung 1

1 Welche Figur passt nicht? Kreise den dazugehörigen Buchstaben ein.

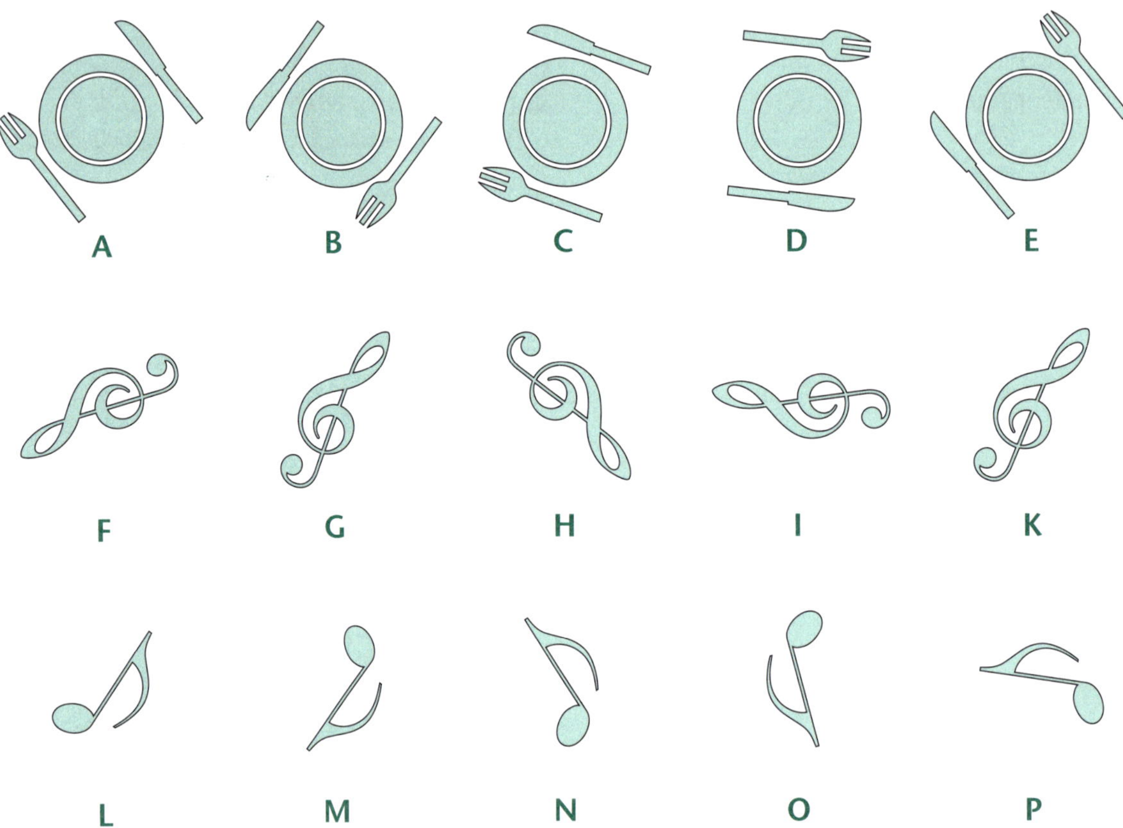

2 Zeichne wie im Beispiel die Symmetrieachsen und das Drehzentrum ein.

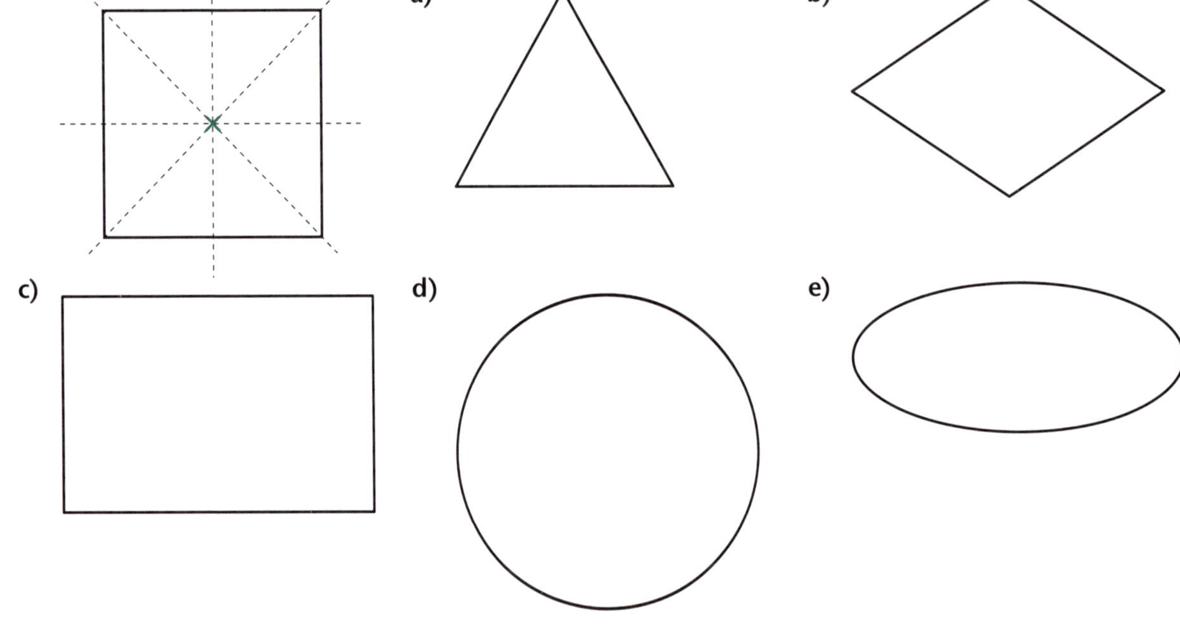

Was fällt dir auf? ______________________________

Drehung 2

1 Drehe die Figuren um das Drehzentrum Z jeweils um 90°, 180° und 270°.

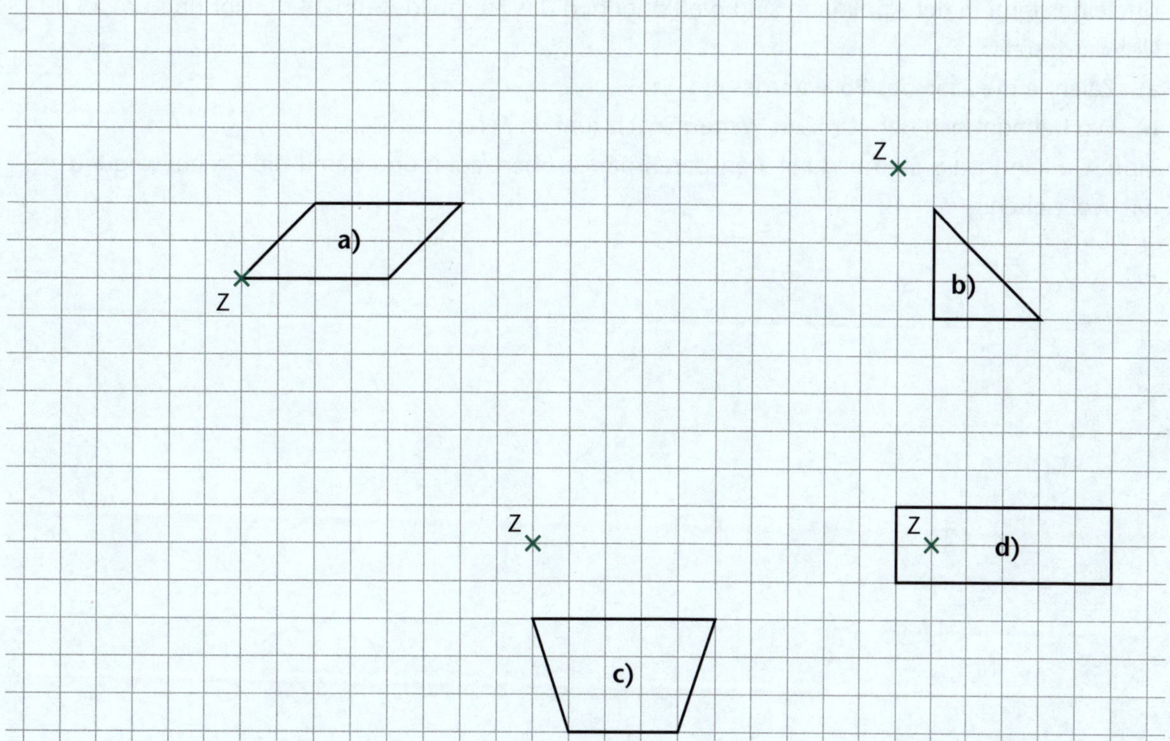

2 Bestimme das Drehzentrum.

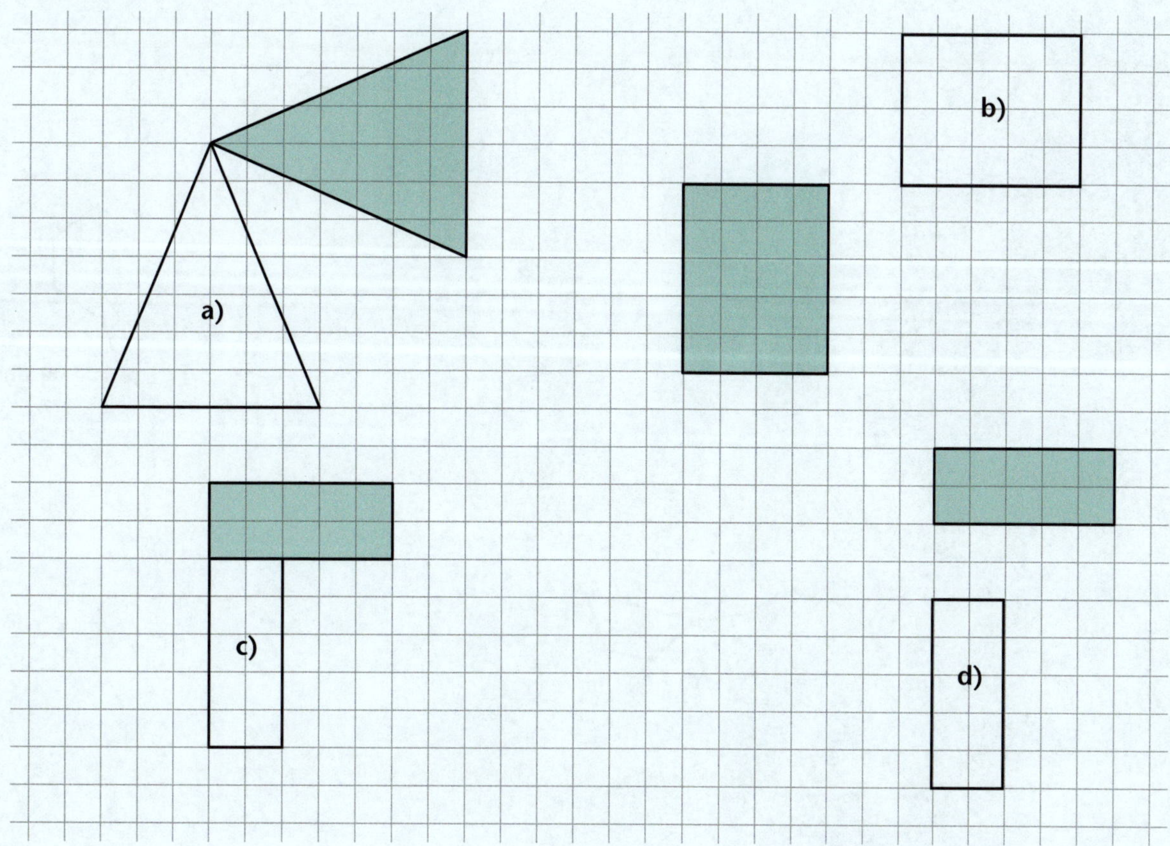

Drehung 3

1 Das Sternbild des „Großen Wagens" dreht sich in 24 Stunden einmal um den Polarstern (gegen den Uhrzeigersinn). In der Abbildung sind die Positionen des Sternbildes um 18.00 Uhr und um 23.00 Uhr dargestellt.

a) Zeichne die Lage des Polarsternes ein.

b) Wo befindet sich der „Großen Wagen" nach fünf weiteren Stunden?

Tipp: Du kannst das Sternbild auf Transparentpapier übertragen und damit die Drehbewegung nachvollziehen.

Drehung um 180° – Punktsymmetrie

1 Welche sieben Buchstaben und zwei Ziffern sind punktsymmetrisch? Kontrolliere auf Seite 34.

2 Spiegele die Figuren am Punkt Z.

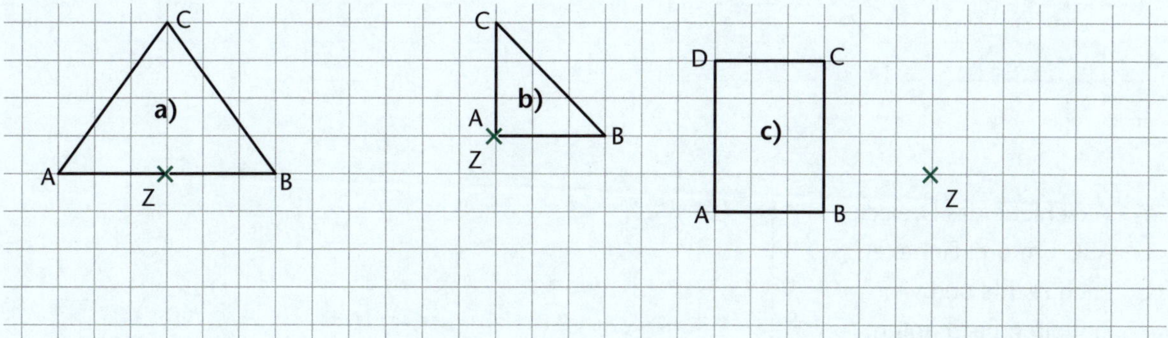

3 **a)** Spiegele das Dreieck ABC an Z_1. Gib die Bildkoordinaten an.

A(1|1) A′(|)
B(3|2) B′(|)
C(2|3) C′(|)
Z_1(2|4)

b) Spiegele das Viereck RSTU an Z_2. Gib die Bildkoordinaten an.

R(7|1) R′(|)
S(9|2) S′(|)
T(9|4) T′(|)
U(5|2) U′(|)
Z_2(7|4)

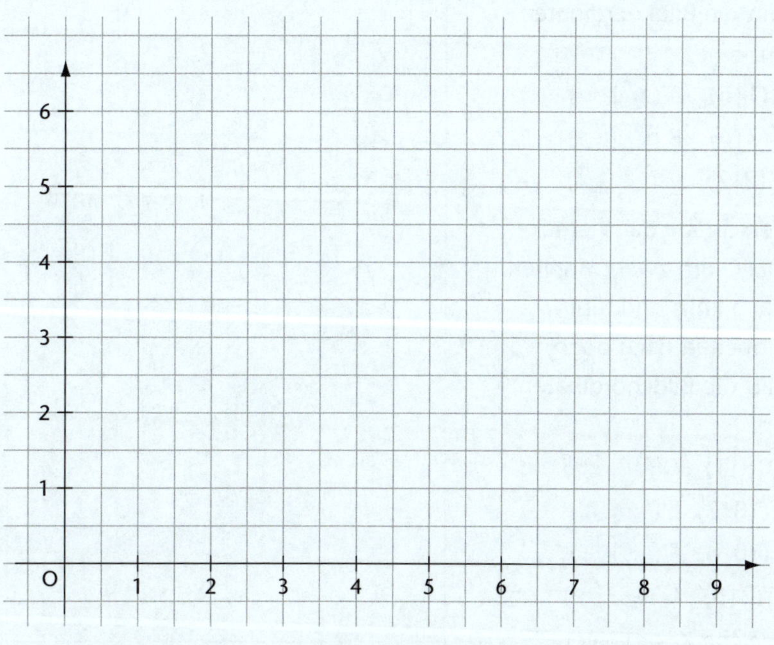

4 Bestimme den Punkt, an dem gespiegelt wurde. Bei welcher Figur ist das nicht möglich? ______

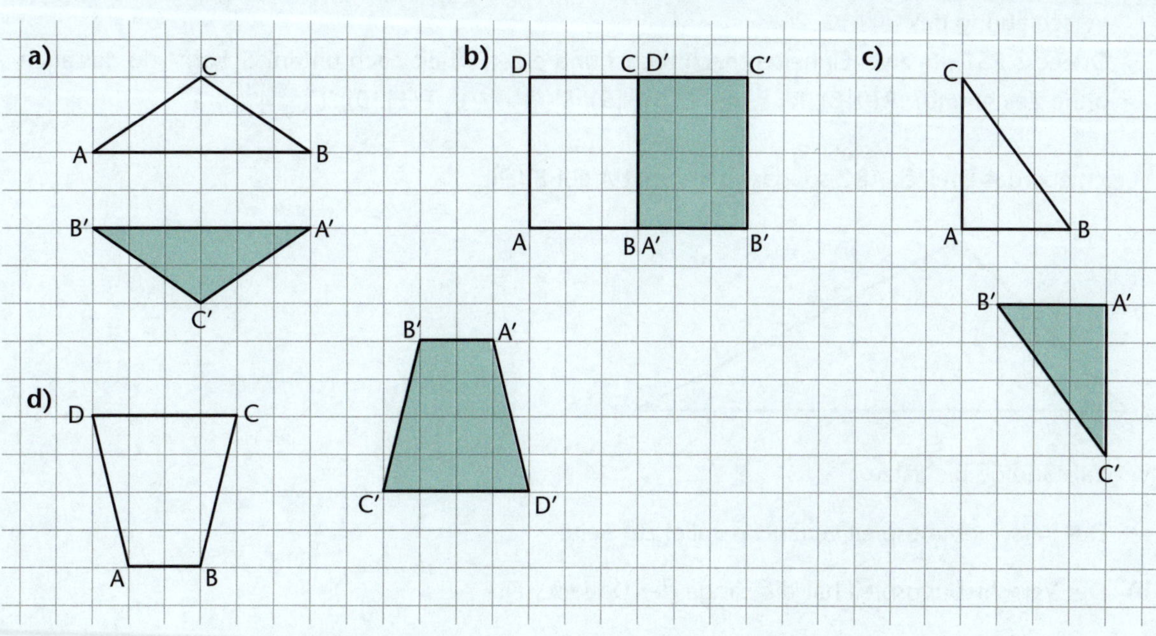

Verschiebung

1 Zeichne aus der Figur ein Bandornament.

2 **a)** Verschiebe das Dreieck ABC um drei Einheiten nach rechts und vier Einheiten nach unten. Gib die Bildkoordinaten an.

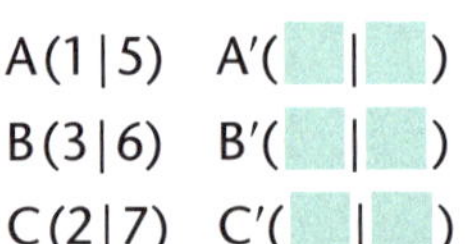

A(1|5) A′(|)
B(3|6) B′(|)
C(2|7) C′(|)

b) Verschiebe das Viereck DEFG um zwei Einheiten nach links und fünf Einheiten nach oben. Gib die Bildkoordinaten an.

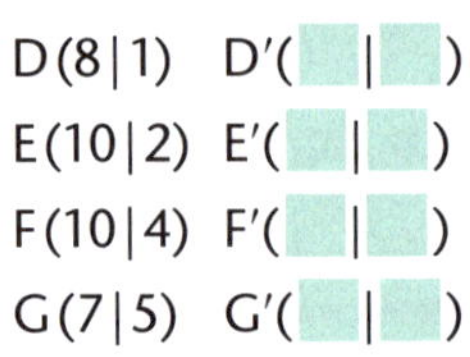

D(8|1) D′(|)
E(10|2) E′(|)
F(10|4) F′(|)
G(7|5) G′(|)

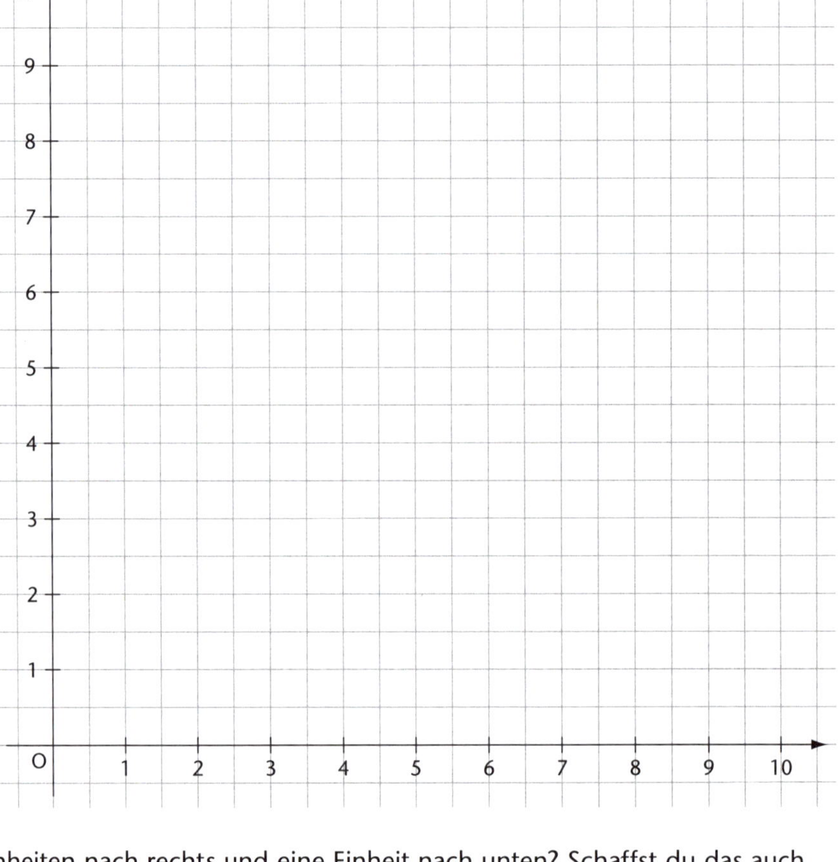

c) Welche Koordinaten erhältst du bei der Verschiebung des Dreiecks RST um zwei Einheiten nach rechts und eine Einheit nach unten? Schaffst du das auch ohne Zeichnung? R(0|8), R′(|); S(3|9), S′(|); T(1|10), T′(|)

3 Verschiebe das Dreieck ABC so, dass der Punkt A auf B fällt.

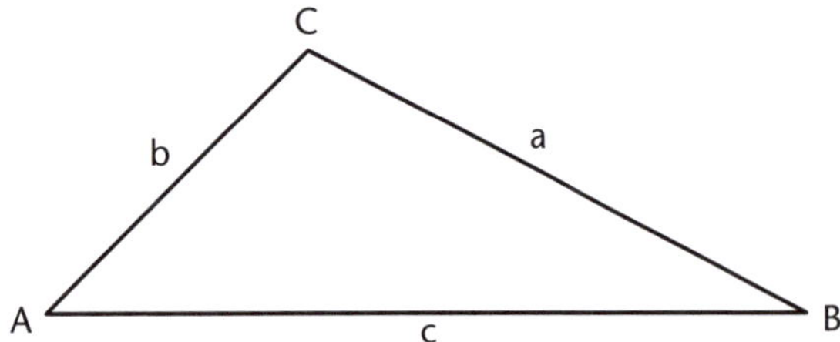

Vervollständige die Sätze.

a) Der Verschiebungspfeil verläuft parallel zur Seite ___.

b) Der Verschiebungspfeil hat die Länge der Dreiecksseite ___.

Abbildungen – kreuz und quer

1 Die graue Figur ist durch verschiedene Abbildungen auf die grünen Figuren abgebildet worden. Zeichne Symmetrieachsen, Spiegelpunkte oder Verschiebungspfeile ein.

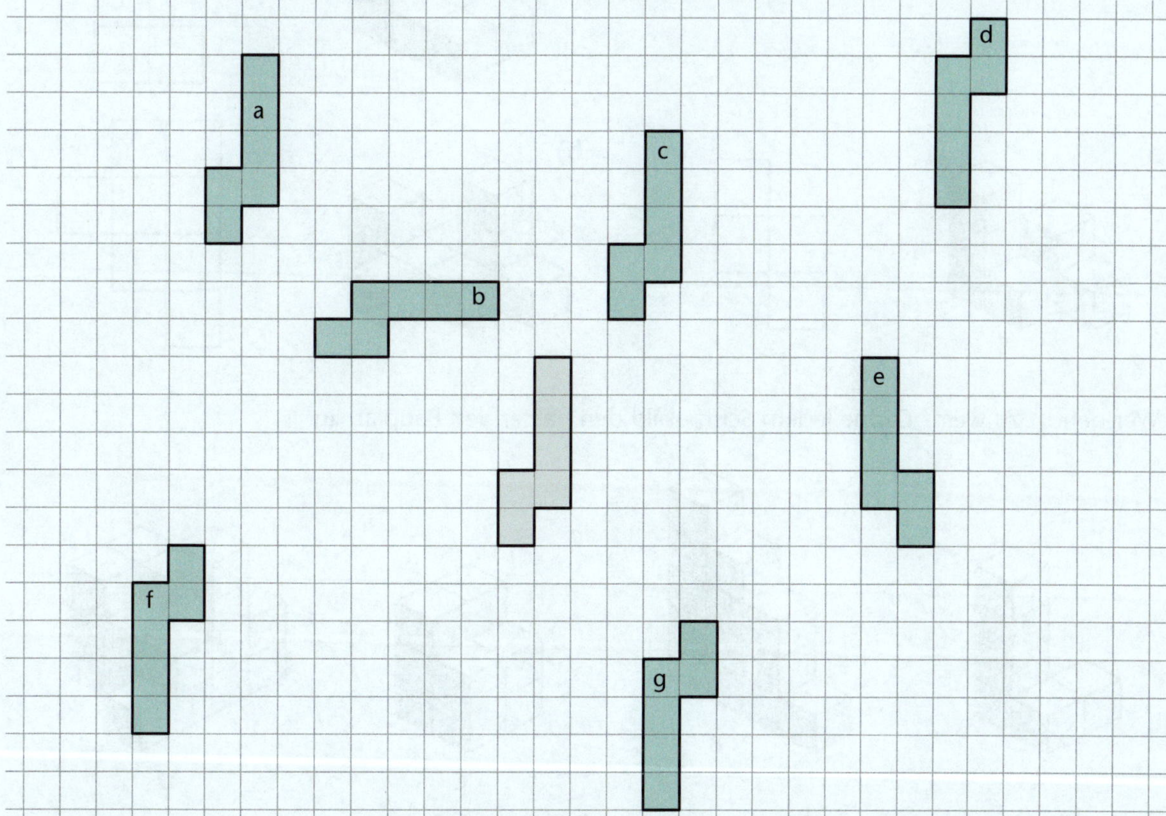

2 Welche der Dreiecke sind durch eine Verschiebung, Drehung oder Achsenspiegelung des weißen Dreiecks entstanden?

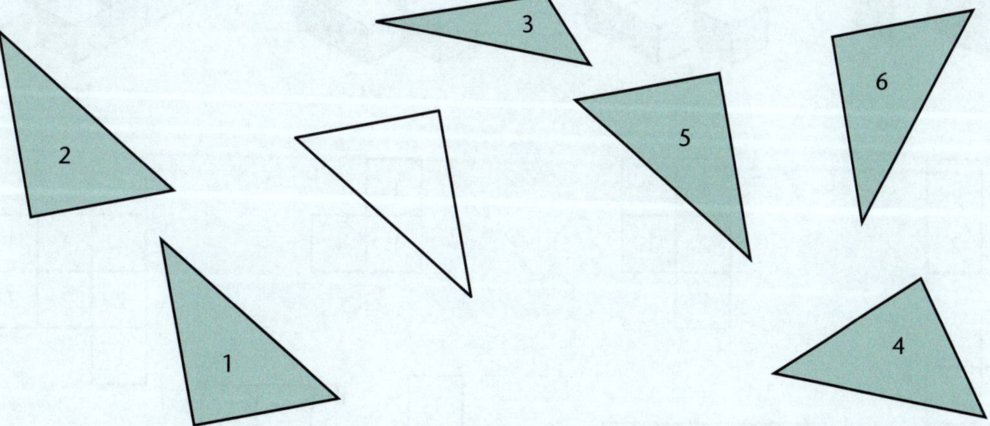

Durch Verschiebung: ____

Durch Drehung: ____

Durch Achsenspiegelung: ____

Raumvorstellung 1

1 Erstelle für die Schrägbilder einen Bauplan.

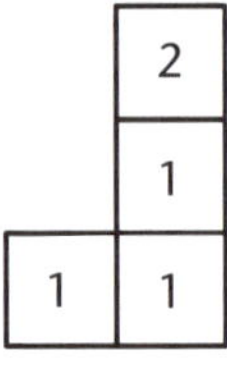

a)

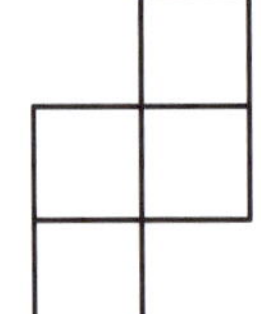

b)

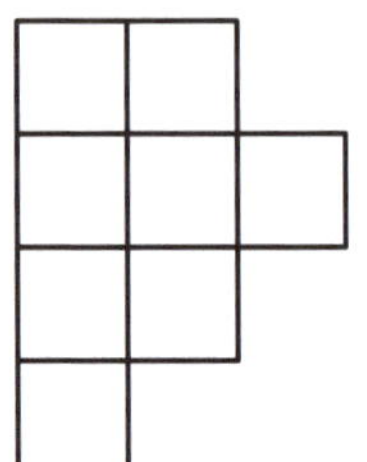

2 Wer gehört zu wem? Ordne jedem Schrägbild den passenden Bauplan zu.

A

B

C

D

E

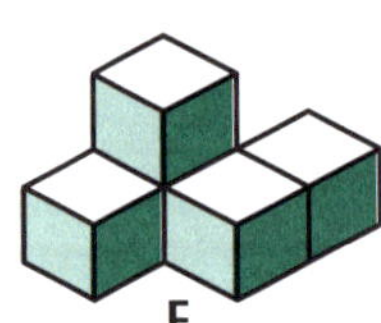

F

G

H

1

3	3
2	2

2

4	4
2	1
1	

3

1	
1	4

4

2		
4	3	3
2	2	3
1		

5

1	
3	3
2	2
1	3
	1

6

1	3	4	5

7

	1
2	1
1	

8

2	3	
2	3	3
		3

Schrägbild	A	B	C	D	E	F	G	H
Bauplan								

Raumvorstellung 2

1 Die Fläche wird um die Achse gedreht. Skizziere den entstehenden Körper und benenne ihn.

	Fläche	Körper	Name des Körpers
a)			
b)			
c)			

2 Welche Fläche musst du um die Achse rotieren lassen, um den abgebildeten Körper zu erhalten?

a) Doppelkegel — Fläche

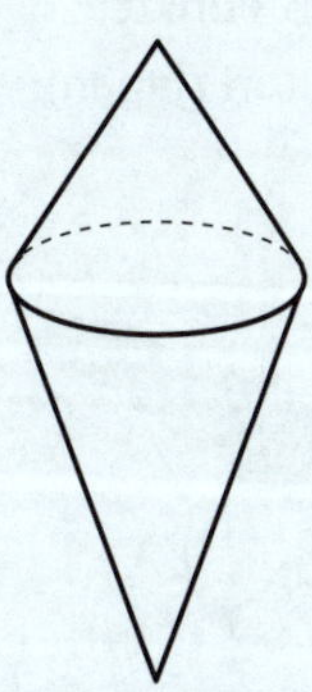

b) Zylinder mit aufgesetztem Kegel — Fläche

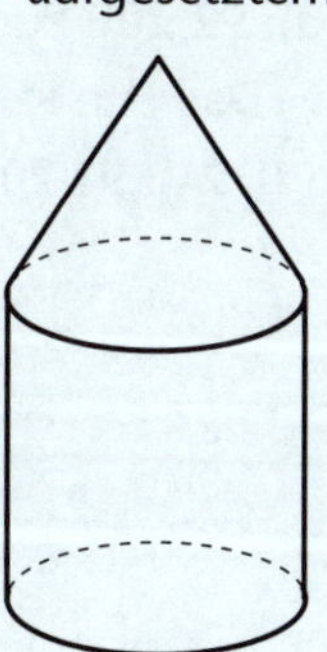

3 Welcher Körper entsteht, wenn du

a) ein Lineal auf die schmale Seite stellst und es drehst? ______

b) ein Geodreieck auf die Spitze am rechten Winkel stellst und es drehst?

______

c) ein Geodreieck auf eine Spitze (an einem 45° großen Winkel) stellst und es drehst?

______

d) eine CD auf die Kante stellst und sie drehst? ______

Vergleichen und ordnen

1 Vergleiche die Dezimalzahlen. Setze <, > oder = ein.

a)	0,2	0,3	**b)**	0,34	0,43	**c)**	0,562	0,631
	0,4	0,40		0,28	0,26		0,707	0,770
	2,3	3,2		1,73	1,729		5,862	5,682
	6,9	6,99		5,20	5,199		1,647	1,476
	4,06	4,10		9,52	9,49		12,800	12,80

2 Ordne der Größe nach.

a) Beginne mit der kleinsten Zahl.

2,56; 4,25; 1,9; 3,02; 4,19 1,9 < ____________________

0,73; 0,709; 0,97; 0,65; 0,8 ____________________

5,26; 5,301; 5,032; 5,231; 5,20 ____________________

b) Beginne mit der größten Zahl.

1,64; 4,61; 1,46; 4,66; 6,41 6,41 > ____________________

4,58; 4,299; 4,92; 4,34; 44,1 ____________________

7,3; 7,03; 7,003; 7,303; 7,033 ____________________

3 Bei der Turnweltmeisterschaft 2007 in Stuttgart wurden im Mehrkampf der Männer folgende Ergebnisse erzielt:
Fabian Hambüchen (Deutschland): 92,200 Punkte; Rafael Martinez (Spanien): 91,025 Punkte; Wei Yang (China): 93,675 Punkte; Dae Eun Kim (Korea): 91,050 Punkte; Hisashi Mizutori (Japan): 91,400 Punkte; Jonathan Horton (USA): 91,200 Punkte.
Erstelle eine Siegerliste.

1. ____________________
2. ____________________
3. ____________________
4. ____________________
5. ____________________
6. ____________________

4 Bestimme in jeder Zeile die kleinste und die größte Dezimalzahl. Sie führen dich zum Lösungswort.

0,34	B	0,41	E	0,43	A	0,4	R
1,6	S	2,0	K	1,99	E	1,65	I
3,08	O	2,33	E	2,9	N	3,23	T
11,01	E	10,11	R	11,1	A	10,1	B
6,28	E	0,628	L	62,8	L	6,82	R

Lösungswort: ____________________

Umwandeln und runden

1 Ergänze.

Bruchzahl			$\frac{3}{8}$			$\frac{3}{2}$		$\frac{9}{4}$		
Dezimalzahl	0,25			0,7			0,38		2,4	
Prozentzahl		90 %			65 %					0,5 %

2 **a)** Runde auf Zehntel.

0,43 ≈ ______
2,085 ≈ ______
1,6289 ≈ ______
5,2761 ≈ ______

b) Runde auf Hundertstel.

0,456 ≈ ______
3,845 ≈ ______
2,7349 ≈ ______
16,9746 ≈ ______

c) Runde auf Einer.

7,52 ≈ ______
3,099 ≈ ______
10,453 ≈ ______
6,5654 ≈ ______

3 Annika hat gerundet. Die Ausgangsgrößen hatten ursprünglich eine Stelle mehr als ihre gerundeten Maßzahlen. Zwischen welchen Werten können die Ausgangsgrößen gelegen haben?

	Kleinster Wert		Größter Wert
3,8 cm liegt zwischen	*3,75 cm*	und	*3,84 cm*
a) 2,3 dm liegt zwischen		und	
b) 15,0 m liegt zwischen		und	
c) 1,5 ℓ liegt zwischen		und	
d) 9,65 kg liegt zwischen		und	

4 Vergleiche. Setze <, > oder = ein.

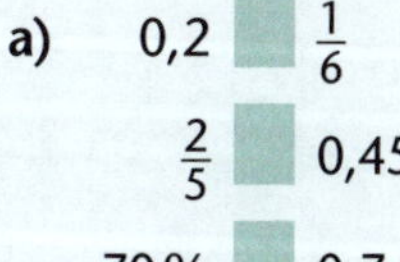

a) 0,2 ☐ $\frac{1}{6}$
$\frac{2}{5}$ ☐ 0,45
70 % ☐ 0,7

b) $\frac{7}{4}$ ☐ 1,7
0,28 ☐ $\frac{8}{25}$
0,59 ☐ 0,569

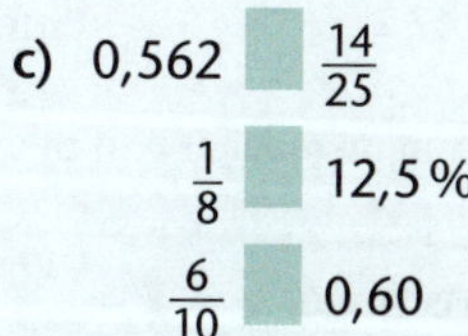

c) 0,562 ☐ $\frac{14}{25}$
$\frac{1}{8}$ ☐ 12,5 %
$\frac{6}{10}$ ☐ 0,60

5 **a)** Welche Zahl liegt am dichtesten bei 0,45? ______
b) Welche Zahl liegt am dichtesten bei $\frac{3}{5}$? ______
c) Gib die beiden kleinsten Zahlen an. ______
d) Gib die beiden größten Zahlen an. ______
e) Welche Zahlen sind größer als $\frac{1}{2}$? ______
______
f) Verwandle alle Zahlen in Prozentzahlen. ______
______
______

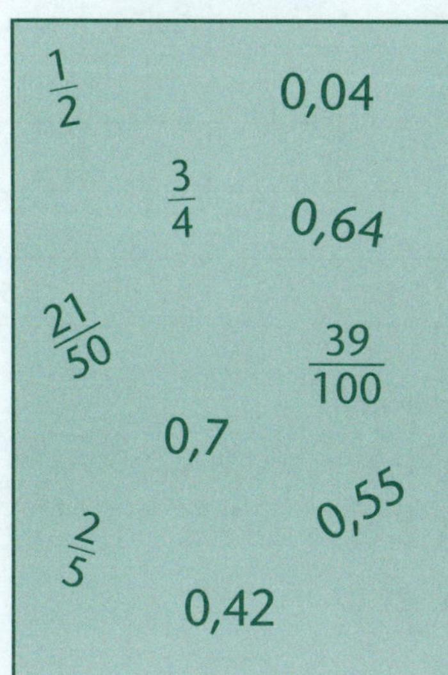

Addition und Subtraktion 1

1 Berechne schriftlich. Gib auch Überschläge (ÜS) an.

a) ÜS: ____________

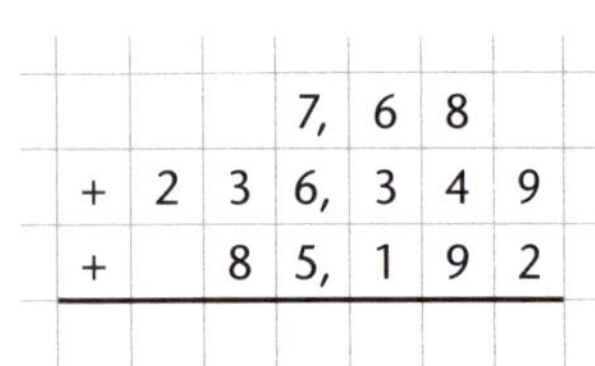

b) ÜS: ____________

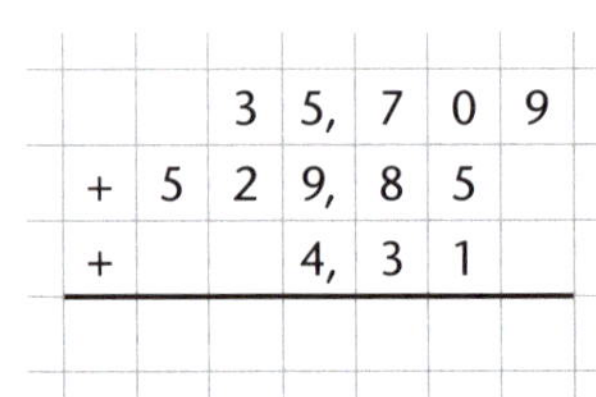

c) ÜS: ____________

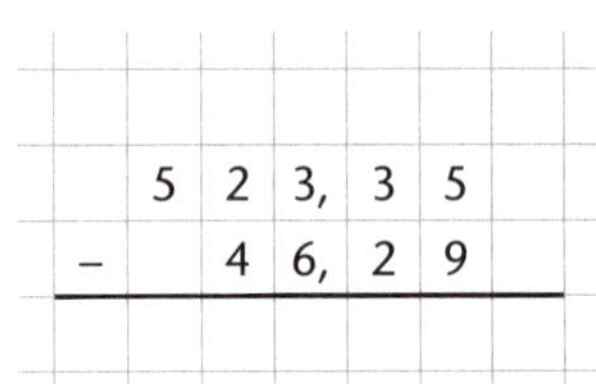

d) 69,137 – 68,926

ÜS: ____________

e) 47,752 + 13,8 + 6,97

ÜS: ____________

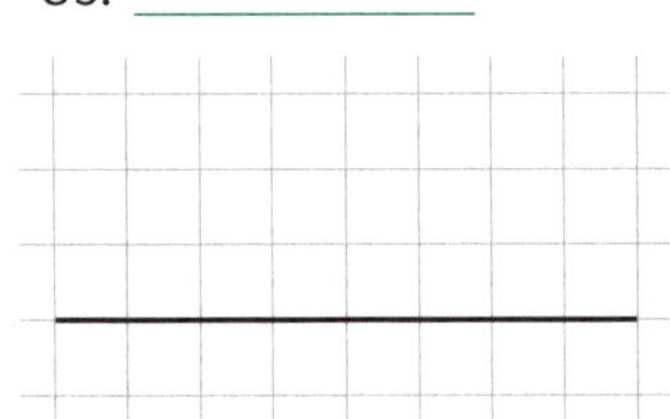

f) 891,75 – 26,38 – 437,52

ÜS: ____________

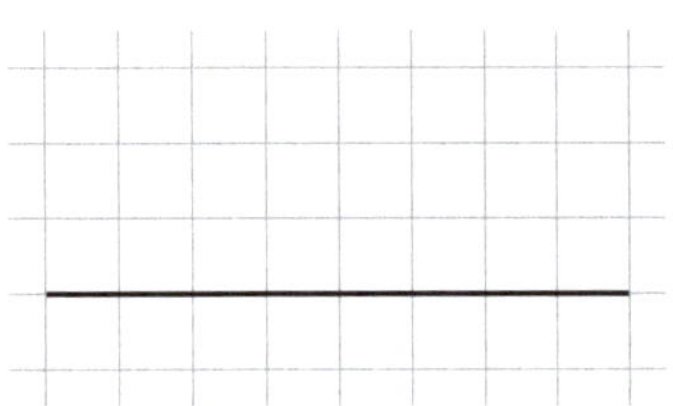

Lösungen: 0,211; 68,522; 329,221; 427,85; 477,06; 569,869

2 Berechne im Kopf. Addiere dann deine Ergebnisse schriftlich.

a) 3,4 + 9,5 = ______ 2,5 + 4,1 = ______ 1,8 + 7,6 = ______ 6,5 + 5,9 = ______

8,3 + 4,56 = ______ 2,72 + 3,12 = ______ 13,7 + 5,9 = ______ 8,46 + 3,54 = ______

2,75 + 5,65 = ______ Summe der Ergebnisse: ______

b) 8,7 – 3,4 = ______ 6,5 – 4,9 = ______ 12,1 – 8,6 = ______ 14 – 5,2 = ______

7 – 5,39 = ______ 3,45 – 3,18 = ______ 6,02 – 3,9 = ______ 10,05 – 1,5 = ______

1,72 – 0,47 = ______ Summe der Ergebnisse: ______

Die Ergebnis-Summen bei a) und b) unterscheiden sich um 67.

3 **a)** Additionsmauer

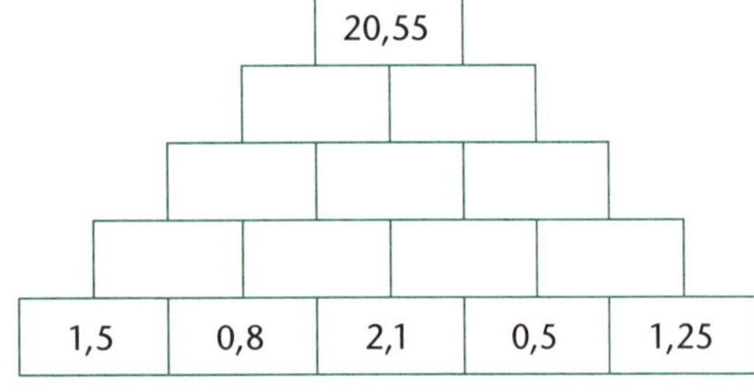

b) Subtraktionsmauer

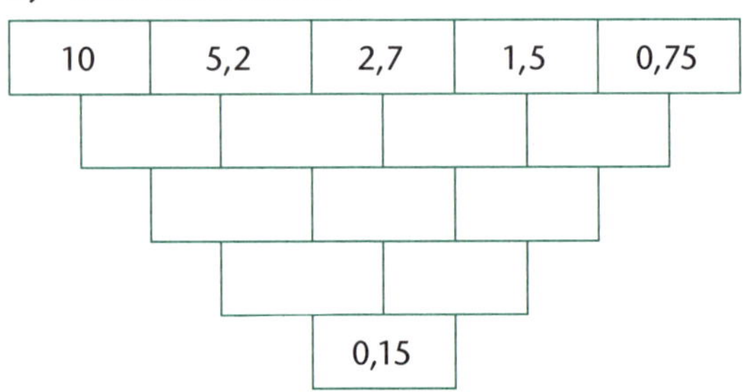

4 Berechne.

a) 0,2 $\xrightarrow{+6,3}$ ______ $\xrightarrow{+8,52}$ ______ $\xrightarrow{-2,7}$ ______ $\xrightarrow{-3,86}$ ______

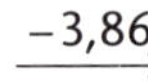

b) 3,25 $\xrightarrow{-2,73}$ ______ $\xrightarrow{+9,1}$ ______ $\xrightarrow{-6,89}$ ______ $\xrightarrow{+0,5}$ ______

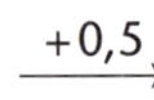

c) 22,07 $\xrightarrow{-3,8}$ ______ $\xrightarrow{-8,64}$ ______ $\xrightarrow{+2,6}$ ______ $\xrightarrow{-5,77}$ ______

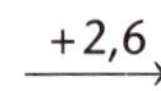

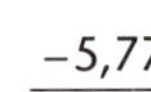

Lösungen für ______: 3,23; 6,46; 8,46

Addition und Subtraktion 2

1 Berechne. Das Ergebnis führt dich zur nächsten Aufgabe. Färbe das letzte Ergebnis.

12,80 + 7,42 + 3,09 = 23,31	17,33 + 5,28 = ______
7,94 + 2,63 – 1,85 = ______	12,68 – 4,9 – 6,37 = ______
9,56 – 3,8 + 6,92 = ______	22,61 – 8,44 – 6,23 = ______
→ 23,31 – 5,98 = ______	8,72 + 4,5 – 3,66 = ______

2 Ergänze die Zauberquadrate so, dass die Summe der Zahlen in allen Zeilen und Spalten sowie den beiden Diagonalen gleich groß ist.

a)

0,8		0,6
		0,7
		0,2

Summe: ______

b)

2,4	2	
	2,8	
		3,2

Summe: ______

c)

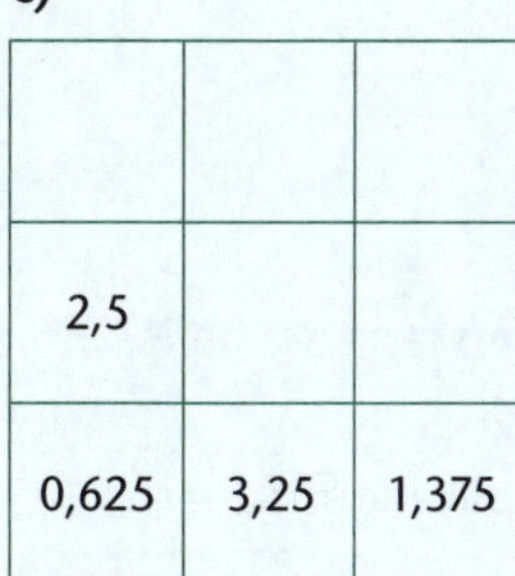

2,5		
0,625	3,25	1,375

Summe: ______

3 Fülle die Lücken aus. Die Ergebnisse führen dich zum Lösungswort.

1. Summand	2,37		4,09		35,521	17,17
2. Summand	6,72	15,59		65,8	63,19	
Summe		23,8	12,04	79,645		25,08

Minuend	19,5	4,25	25,06		32,07	
Subtrahend	7,8		6,872	12,8		5,26
Differenz		1,8		9,97	26,935	87,94

2,45	5,135	7,91	7,95	8,21	9,09	11,7	13,845	18,188	22,77	93,2	98,711
M	U	N	U	L	P	D	S	I	N	S	U

Lösungswort: ______________________

4 Addiere und ergänze die fehlende Zahl so, dass sich als Summe die Zahl in der Blütenmitte ergibt.

a)

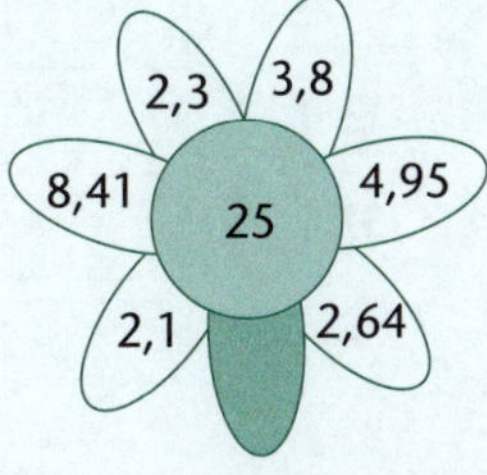

b)

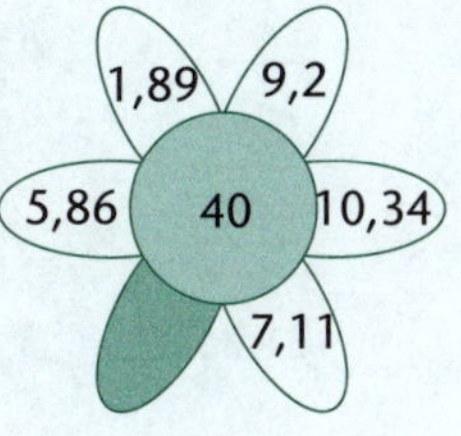

c)

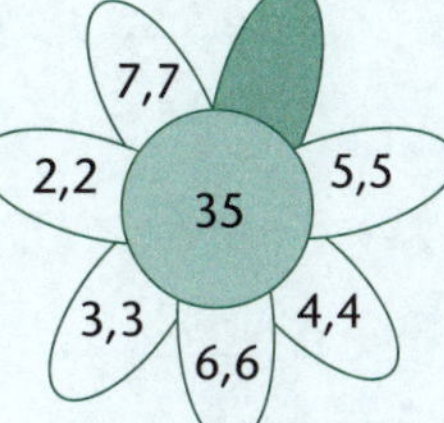

d)

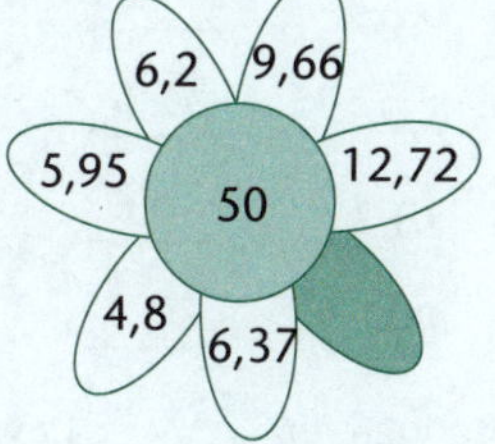

Lösungen: 0,8; 4,3; 5,3; 5,6

Multiplikation

1 Berechne schriftlich. Gib auch Überschläge (ÜS) an.

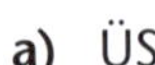

a) ÜS: ______ b) ÜS: ______ c) ÜS: ______ d) ÜS: ______

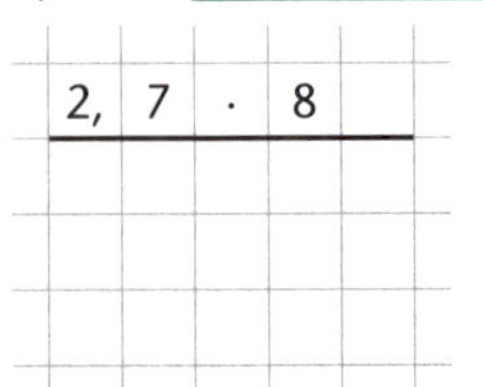

2, 7 · 8

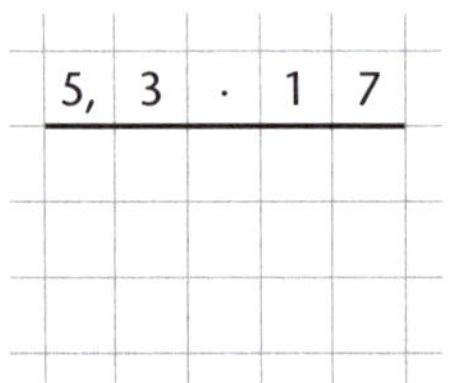

5, 3 · 1 7

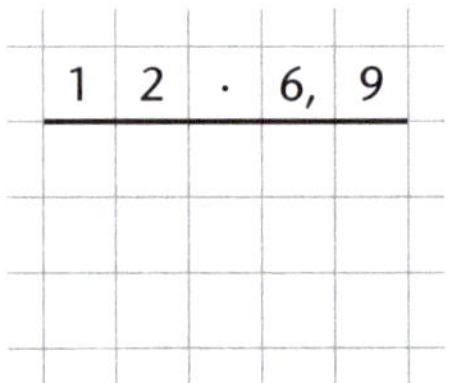

1 2 · 6, 9

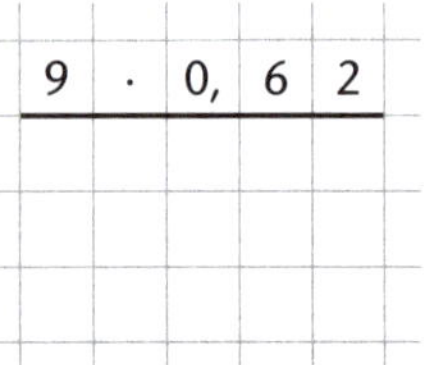

9 · 0, 6 2

e) ÜS: ______ f) ÜS: ______ g) ÜS: ______ h) ÜS: ______

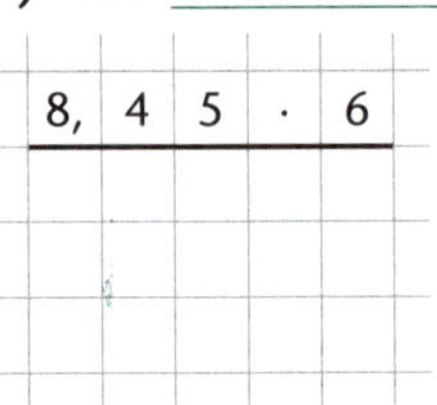

8, 4 5 · 6

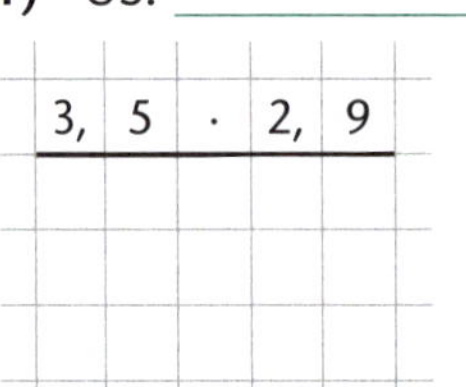

3, 5 · 2, 9

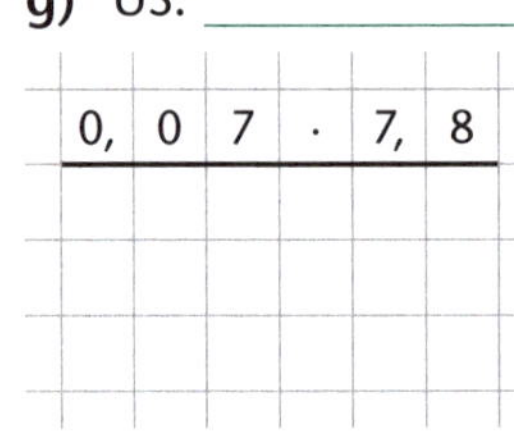

0, 0 7 · 7, 8

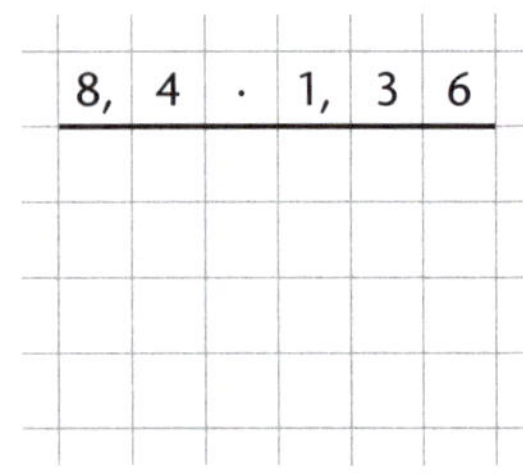

8, 4 · 1, 3 6

Lösungen: 0,546; 5,58; 10,15; 11,424; 21,6; 50,7; 82,8; 90,1

2 a) Multiplikationsmauer

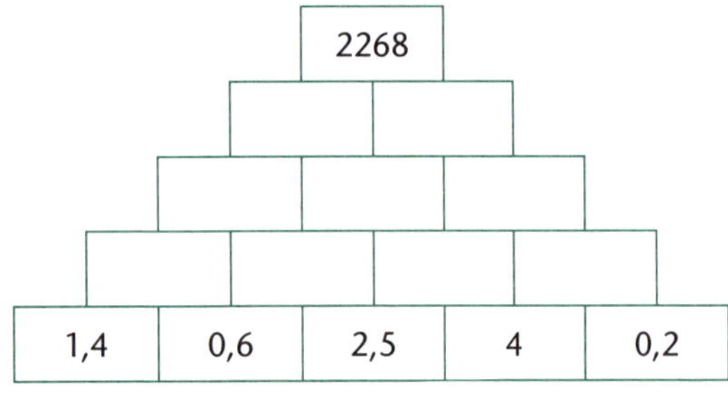

b) Multiplikationstabelle

·	0,2	3,8	6,05
16			
4,7			
1,5			

Lösungen zu b): 0,3; 0,94; 3,2; 5,7; 9,075; 17,86; 28,435; 60,8; 96,8

3 Berechne die Quadrate im Kopf.

a) $0,7^2 =$ ______ b) $1,3^2 =$ ______ c) $0,02^2 =$ ______ d) $0,8^2 =$ ______

e) $0,17^2 =$ ______ f) $1,9^2 =$ ______ g) $1,1^2 =$ ______ h) $0,04^2 =$ ______

4 Berechne nur eines der Produkte. Bestimme die anderen durch Kommaverschiebung.

a) $18 \cdot 2,7 =$ ______ b) $7,3 \cdot 5,25 =$ ______ c) $0,46 \cdot 9,8 =$ ______

$0,18 \cdot 2,7 =$ ______ $730 \cdot 5,25 =$ ______ $0,046 \cdot 0,98 =$ ______

$1,8 \cdot 27 =$ ______ $0,073 \cdot 52,5 =$ ______ $4,6 \cdot 98 =$ ______

5 Berechne.

a) 0,5	$\xrightarrow{\cdot 12}$		$\xrightarrow{\cdot 0,3}$		$\xrightarrow{\cdot 2,4}$		$\xrightarrow{\cdot 3,125}$	
b) 3,25	$\xrightarrow{\cdot 2,5}$		$\xrightarrow{\cdot 0,4}$		$\xrightarrow{\cdot 0,04}$		$\xrightarrow{\cdot 13,0}$	
c) 18,3	$\xrightarrow{\cdot 5,6}$		$\xrightarrow{\cdot 0,25}$		$\xrightarrow{\cdot 0,2}$		$\xrightarrow{\cdot 37,5}$	
d) 1,4	$\xrightarrow{\cdot 0,2}$		$\xrightarrow{\cdot 7,2}$		$\xrightarrow{\cdot 31,25}$		$\xrightarrow{\cdot 0,3}$	

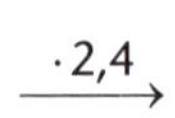

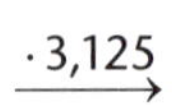
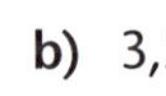

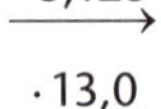
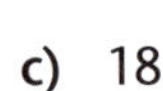

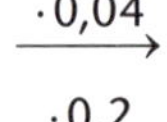

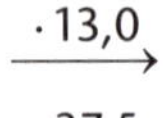
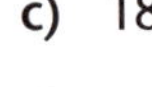

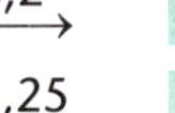

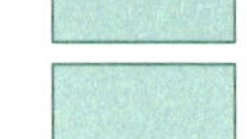

Lösungen für ▭: 1,69; 13,5; 18,9; 192,15.

Division 1

1 Berechne im Kopf.

a) 4,8 : 2 = ______ **b)** 9,06 : 3 = ______ **c)** 0,48 : 4 = ______ **d)** 1,5 : 5 = ______

e) 3,6 : 6 = ______ **f)** 11,2 : 7 = ______ **g)** 1,52 : 8 = ______ **h)** 0,81 : 9 = ______

Lösungen: 0,09; 0,12; 0,19; 0,3; 0,6; 1,6; 2,4; 3,02

2 Mache einen Überschlag (ÜS) und berechne dann schriftlich.

a) ÜS: ____________ **b)** ÜS: ____________

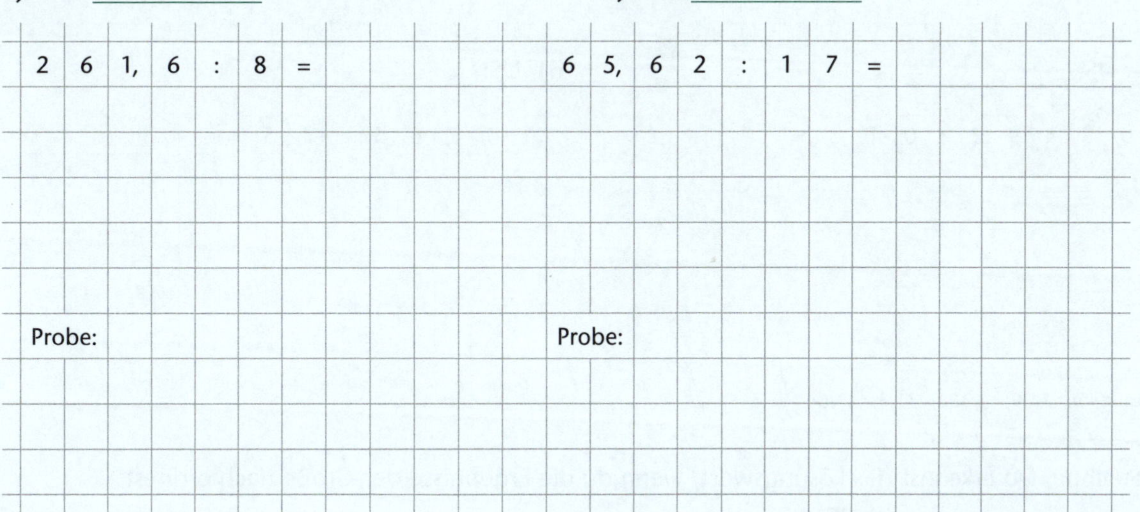

3 Setze die fehlenden Kommas im Dividenden bzw. im Quotienten. Ein Überschlag hilft dir dabei.

a) 1242 : 9 = 13,8 **b)** 7632 : 12 = 6,36 **c)** 4005 : 5 = 0,801
d) 10268 : 4 = 256,7 **e)** 358,44 : 3 = 11948 **f)** 113,89 : 7 = 1627
g) 1264,5 : 15 = 843 **h)** 128,07 : 6 = 21345 **i)** 456 : 8 = 5,7

4 Finde zuerst heraus, welche Aufgaben richtig und welche Aufgaben falsch gelöst wurden, markiere mit r oder f. Korrigiere die falsch gelösten Aufgaben. In dem Kasten stehen die zugehörigen richtigen Lösungen. Die Buchstaben ergeben in der Reihenfolge der Aufgaben das Lösungswort.

a) 246,28 : 4 = 61,47 ☐ **b)** 730,44 : 12 = 60,87 ☐
c) 465,9 : 15 = 31,06 ☐ **d)** 7,839 : 9 = 0,781 ☐
e) 22,75 : 25 = 0,95 ☐ **f)** 365,7 : 6 = 60,825 ☐
g) 0,001 : 2 = 0,0005 ☐ **h)** 562,68 : 18 = 31,06 ☐
i) (13,7 + 15,2) : 5 = 5,78 ☐ **k)** (12,9 – 3,3) : 3 = 11,8 ☐
l) (64,24 + 12,8) : 10 = 77,4 ☐ **m)** (2,7 + 8,05) : 5 = 2,15 ☐
n) (206,3 – 87,5) : 20 = 5,94 ☐ **o)** 68,12 : 13 + 7,0 = 3,406 ☐

0,871	0,91	2,4	3,2	7,704	12,24	14,02	31,26	31,41	60,95	61,57	70,44
R	D	S	E	R	E	L	E	N	B	E	N

Lösungswort: ______________________________

5 Die 6c bestellt sich ein Blech Pizza für 46,80 €. Wie viel muss jedes der 24 Kinder zahlen, wenn die Kosten gleichmäßig verteilt werden?

____

Division 2

1 Mache zunächst einen Überschlag und berechne dann genau.

a) ÜS: ____________

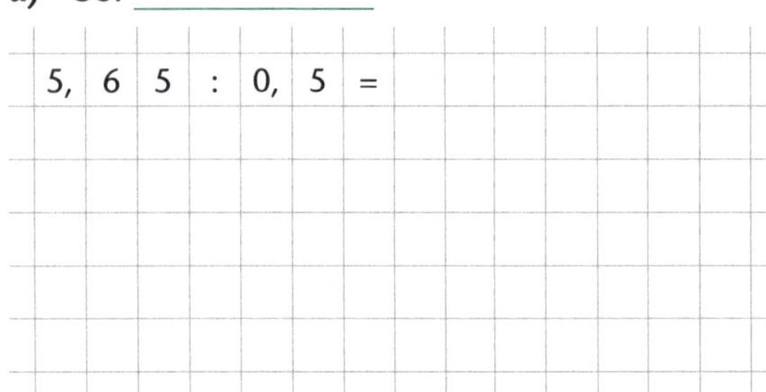

b) ÜS: ____________

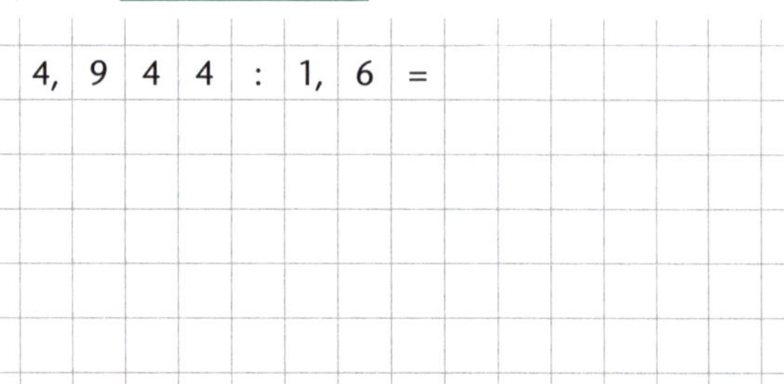

c) ÜS: ____________

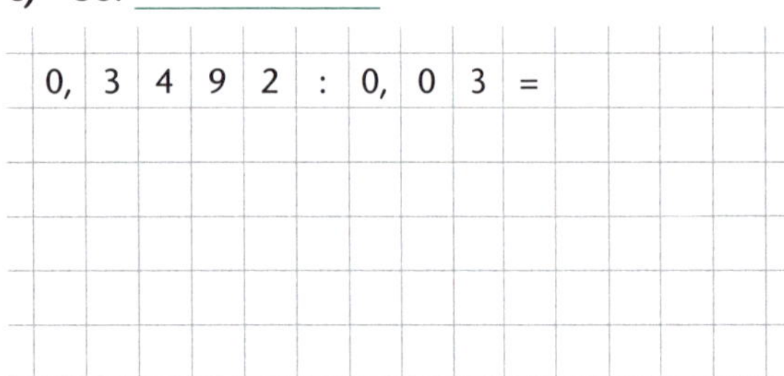

d) ÜS: ____________

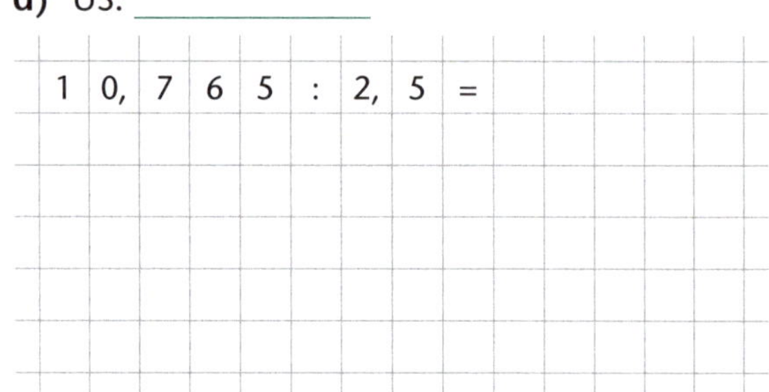

Lösungen: 3,09; 4,306; 11,3; 11,64

2 Berechne. Du erkennst das Lösungswort, wenn du die Ergebnisse der Größe nach ordnest.

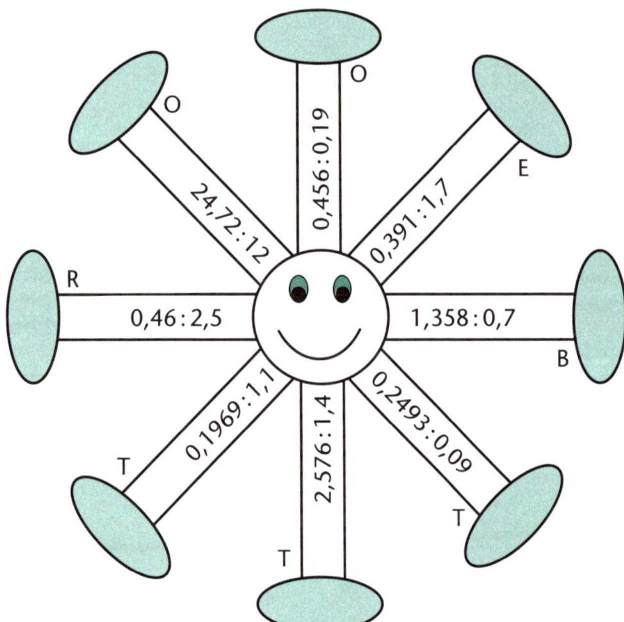

Lösungswort: ______________________

3 Fülle die Lücken aus.

Dividend	245	4,173			0,21132	49,552	3,0085
Divisor	1,4	0,15	2,7	3,906	0,009		
Quotient			4,5	8,05		1,9	0,11

Lösungen: 12,15; 23,48; 26,08; 27,35; 27,82; 31,4433; 175

Vermischtes 1

1 Ergänze die Figuren.

a)

1,5 → : 0,3 → · 1,34 → − 4,81 → : 0,09 → · 0,15 → − → :

b)

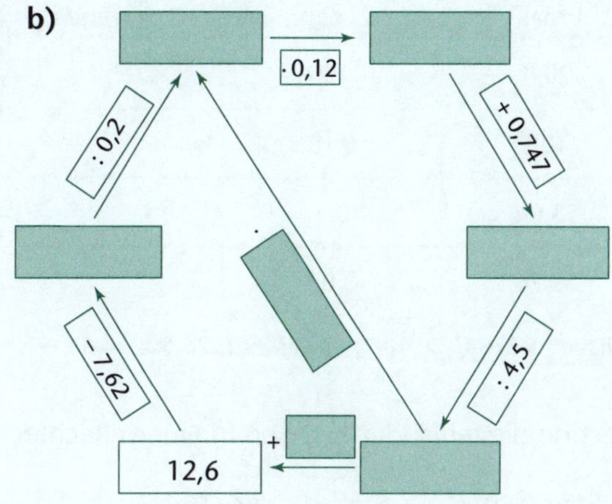

2 Stelle einen Term auf und berechne wie im Beispiel.

Multipliziere die Differenz von 28,7 und 4,93 mit 6,5. $(28{,}7 - 4{,}93) \cdot 6{,}5 = 23{,}77 \cdot 6{,}5$
$= 154{,}505$

a) Addiere 5,29 zu dem Quotienten aus 3,4 und 17. ______ = ______ = ______

b) Subtrahiere von 73,1 das Produkt aus 4,06 und 12,4. ______ = ______ = ______

c) Multipliziere die Summe von 67,4 und 10,9 mit 0,2. ______ = ______ = ______

d) Dividiere 49,7 durch den Quotienten aus 24,5 und 0,7. ______ = ______ = ______

e) Addiere die Summe von 1,5 und 16,84 zu dem Produkt aus 6,2 und 4,5. ______ = ______ = ______

f) Subtrahiere den Quotienten aus 12 und 2,4 von der Differenz der Zahlen 18,1 und 9,34. ______ = ______ = ______

Lösungen: 1,42; 3,76; 5,49; 15,66; 22,756; 46,24

3 **a)** Bei einer großen Schülerparty kostet eine Eintrittskarte 2,70 €. Es werden 2303,10 € eingenommen. Wie viele Schüler waren auf der Party?

______

b) Wie hoch wären die Einnahmen gewesen, wenn jede Karte 10 Cent billiger gewesen wäre?

______

Vermischtes 2

1 Ergänze die Tabelle.

1. Zahl	2. Zahl	Summe	Differenz	Produkt	Quotient
20,4	1,7				
108	0,18				
53,04	0,5				
59,76	0,09				

Lösungen: 5,3784; 12; 18,7; 19,44; 22,1; 26,52; 34,68; 52,54; 53,54; 59,67; 59,85; 106,08; 107,82; 108,18; 600; 664

2 Berechne die fehlenden Größen in einem Rechteck.

a) a = 2,5 cm b = 5,8 cm A = ________ U = ________

b) a = 7,1 cm b = ________ A = ________ U = 23,4 cm

c) a = ________ b = 1,95 cm A = ________ U = 13,30 cm

d) a = 9,6 cm b = ________ A = $30{,}72\ cm^2$ U = ________

Die Summe der Maßzahlen aller Flächeninhalte ist 87,045, die der Umfänge 78,9.

3 Berechne den Oberflächeninhalt und das Volumen der Körper.

a)

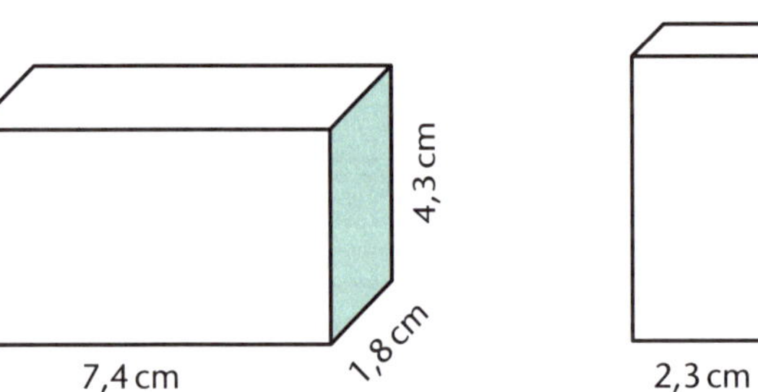

V = ________________

O = ________________

b)

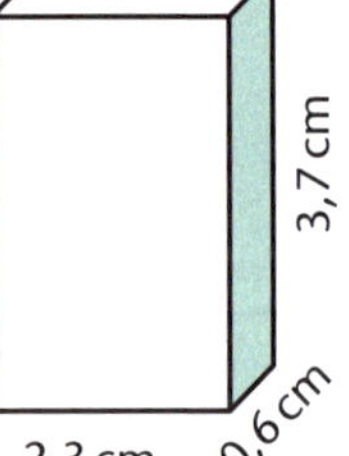

V = ________________

O = ________________

c)

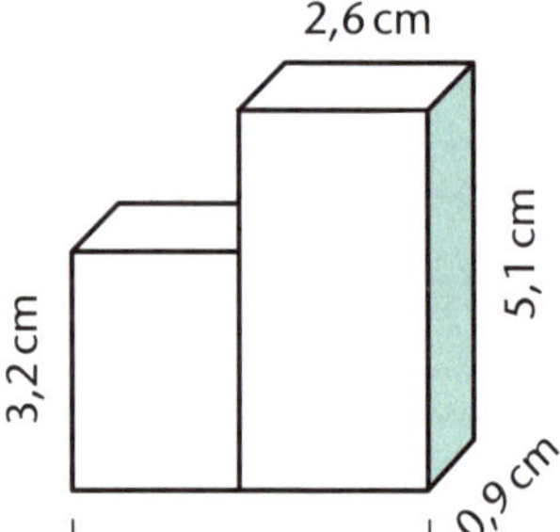

V = ________________

O = ________________

4 Berechne die fehlenden Größen.

a)

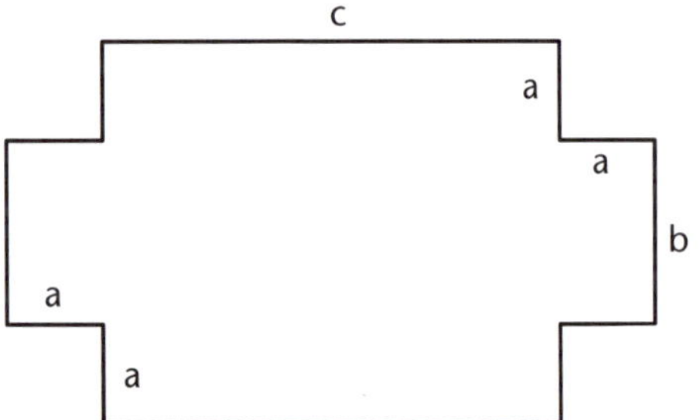

a = 1,3 m U = ________

b = 2,4 m

c = 6,25 m A = ________

b)

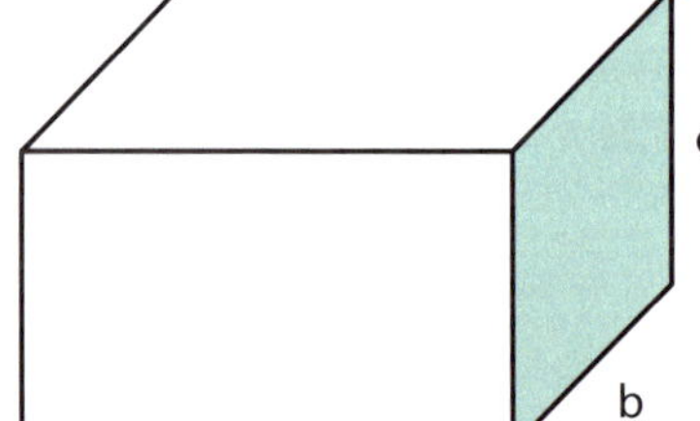

a = ________ V = $22{,}77\ cm^3$

b = 1,8 cm O = ________

c = 2,3 cm

Kreuzzahlrätsel

Beachte: Auch jedes Komma bekommt ein eigenes Kästchen.

Waagerecht

1 $25,3 + 0,98$
4 $10,2 - 3,67$
7 $27,447 : 0,07$
8 $70,5 - \square = 29,25$
9 $0,67 + \square = 13,07$
10 $71,6 + \square = 286,22$
11 $\square - 86,51 = 39,39$
12 $\square - 47,63 = 18,3$
14 $201,6 \cdot \frac{3}{4}$
16 $2 \cdot \square = 69,97$
17 $\square \cdot 0,14 = 0,322$
18 $12,1 - 4,266$
21 $\square - 49,8 = 104,99$
23 $\square : 13,5 = 6,27$
25 $\square \cdot \frac{1}{5} = 9,3$
26 $2582,74 + 943,6$
27 $88,13 : 7$
28 $\square : \frac{1}{2} = 5,5$
29 $4,75 - 2\frac{1}{2}$

Senkrecht

2 $4,2 \cdot 16,1$
3 $13,552 : 1,6$
5 $\square : 0,2 = 297$
6 $18,47 - 2\frac{3}{4}$
7 $13 : \square = 4$
8 $\square : 25 = 1,8076$
9 $45,38 \cdot 2,76$
10 $\frac{5}{4} \cdot 1,8$
11 $8,57 + 5,334$
13 $\square \cdot 1,2 = 42,444$
14 $0,8 \cdot \square = 12,16$
15 $27 : \square = 337,5$
17 $\square + 98,24 = 305,7$
18 $325,8 - 251,94$
19 $17 : \square = 2$
20 $57 : \square = 45,6$
21 $7,361 \cdot 2\frac{1}{2}$
22 $19 \cdot 476,42$
24 $251,38 + 155,54$
25 $2\frac{3}{8} + \square = 7,25$
26 $\frac{7}{8} + 2,375$

Periodische Dezimalzahlen

1 Wandle um in Dezimalzahlen.

a) $\frac{5}{9}$ = ______ b) $\frac{2}{3}$ = ______ c) $\frac{4}{15}$ = ______ d) $\frac{1}{6}$ = ______

e) $\frac{7}{11}$ = ______ f) $\frac{7}{6}$ = ______ g) $\frac{11}{12}$ = ______ h) $\frac{7}{3}$ = ______

i) $\frac{20}{9}$ = ______ k) $\frac{4}{7}$ = ______

2 a) Runde auf Zehntel. b) Runde auf Hundertstel. c) Runde auf Tausendstel.

a) Runde auf Zehntel.	b) Runde auf Hundertstel.	c) Runde auf Tausendstel.
$0,\overline{52} \approx$ ______	$0,\overline{756} \approx$ ______	$7,\overline{52} \approx$ ______
$2,3\overline{56} \approx$ ______	$1,3\overline{74} \approx$ ______	$3,\overline{09} \approx$ ______
$1,4\overline{9} \approx$ ______	$2,0\overline{81} \approx$ ______	$6,\overline{253} \approx$ ______
$0,\overline{45} \approx$ ______	$0,\overline{53} \approx$ ______	$6,\overline{5} \approx$ ______

3 Vergleiche. Setze <, > oder = ein.

a)	b)	c)
$0,2$ ▢ $0,\overline{19}$	$0,\overline{45}$ ▢ $0,4\overline{5}$	$0,8\overline{3}$ ▢ $\frac{5}{6}$
$0,\overline{4}$ ▢ $0,45$	$0,\overline{28}$ ▢ $\frac{3}{11}$	$\frac{3}{7}$ ▢ $0,\overline{51}$
$\frac{7}{9}$ ▢ $0,\overline{7}$	$0,59\overline{7}$ ▢ $0,\overline{569}$	$0,60\overline{3}$ ▢ $0,6\overline{03}$

4 Wandle um in Bruchzahlen und kürze so weit wie möglich.

a) $0,\overline{3}$ = ______ b) $0,\overline{5}$ = ______ c) $0,\overline{02}$ = ______ d) $0,0\overline{2}$ = ______

e) $1,\overline{4}$ = ______ f) $0,\overline{21}$ = ______ g) $0,\overline{54}$ = ______ h) $7,\overline{6}$ = ______

Lösungen: $\frac{2}{99}$; $\frac{1}{45}$; $\frac{7}{33}$; $\frac{1}{3}$; $\frac{6}{11}$; $\frac{5}{9}$; $\frac{13}{9}$; $\frac{23}{3}$

5 Welche Zahl liegt dichter an der Zahl im Kreis?
In der Reihenfolge der Aufgaben erhältst du das Lösungswort.

		links	Kreis	rechts	
a)	S	$0,4\overline{5}$	1	$0,\overline{45}$	R
b)	A	$1,\overline{7}$	2	$1,75$	U
c)	P	$3,\overline{5}$	3	$3,4\overline{9}$	M
d)	M	$0,\overline{4}$	0,5	$0,\overline{6}$	E
e)	N	$1,\overline{2}$	1	$0,\overline{8}$	E
f)	L	$2,\overline{32}$	2	$2,\overline{3}$	R
g)	A	$2,\overline{79}$	3	$3,\overline{19}$	B
h)	S	$0,\overline{12}$	0,5	$0,1\overline{2}$	I
i)	Z	$1\frac{3}{4}$	1	$1,\overline{74}$	L
k)	D	$2,0\overline{8}$	2	$1,\overline{8}$	E
l)	E	$3\frac{1}{5}$	3	$3,\overline{2}$	I
m)	N	$0,3$	0,5	$\frac{1}{3}$	R

Lösungswort: ______________________

6 Berechne.

a) $0,\overline{3} + \frac{1}{3}$ = ______ b) $0,\overline{2} + 0,\overline{9}$ = ______ c) $0,\overline{5} - \frac{1}{2}$ = ______

d) $1,\overline{4} + \frac{3}{4}$ = ______ e) $1,\overline{6} - 1\frac{2}{3}$ = ______ f) $0,\overline{8} - \frac{2}{3}$ = ______

Statistische Daten 1

1 Annika und Felix haben in ihren Klassen 6b (30 Schülerinnen und Schüler) und 6c (24 Schülerinnen und Schüler) Befragungen über die Lieblingshobbys durchgeführt. Während Annika die Anzahlen notiert hat, hat Felix ein Kreisdiagramm gezeichnet. Leider hat er seine Strichliste verloren.

a) Vervollständige die Statistiken.

Annikas Statistik der Klasse 6b

Liste:

Hobby	Lesen	Sport	Fern-sehen	Freunde treffen	Computer spielen
Anzahl	5	6	3	10	6

Kreisdiagramm:

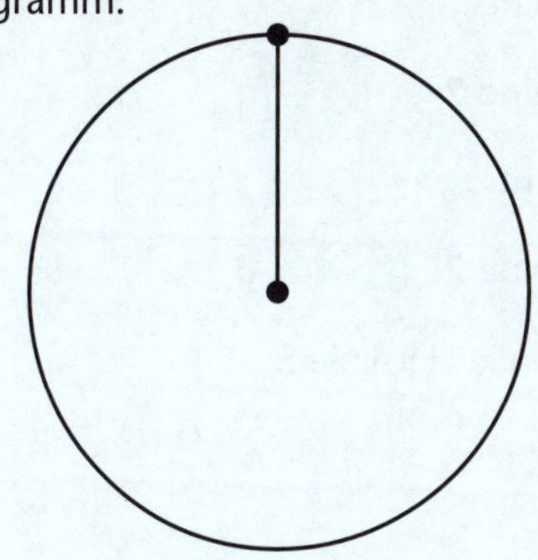

Felix' Statistik der Klasse 6c

Liste:

Hobby	Lesen	Sport	Fern-sehen	Freunde treffen	Computer spielen
Anzahl					

Kreisdiagramm:

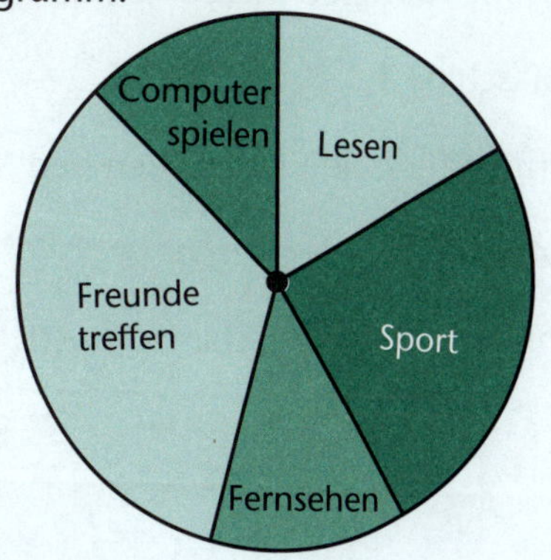

Stabdiagramm:

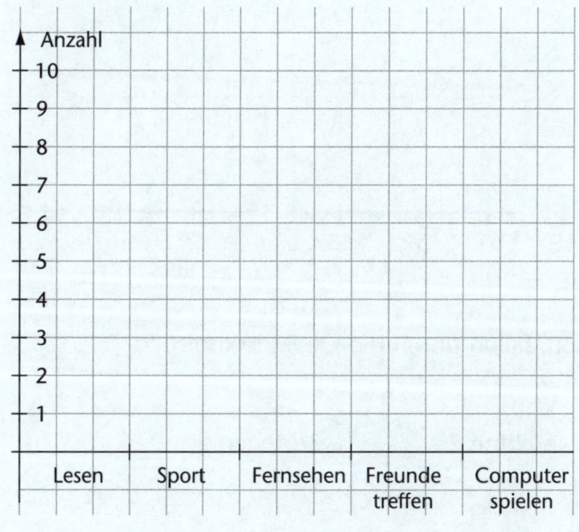

Stabdiagramm:

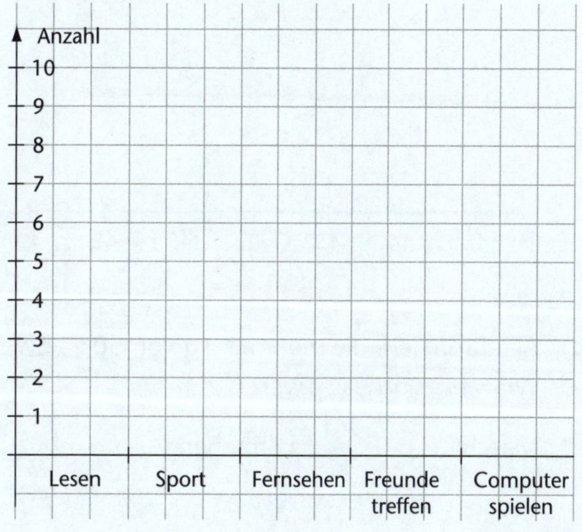

b) Beantworte die Fragen. In welcher Klasse ist…

… die Anzahl der Kinder mit Lieblingshobby Sport größer? __________

… der Anteil der Kinder mit Lieblingshobby Fernsehen größer? __________

… die relative Häufigkeit der Kinder mit Lieblingshobby Lesen größer? __________

Für welches Hobby sind…

… die relativen Häufigkeiten in beiden Klassen gleich, die absoluten Häufigkeiten aber verschieden? __________

… relativen Häufigkeiten in beiden Klassen verschieden, die absoluten Häufigkeiten aber gleich? __________

Statistische Daten 2

1 Bäcker Hempel hat zwei Maschinen, um Brötchenteig zu portionieren und zu formen. Die Brötchen sollen 50 g wiegen, wobei es zu Abweichungen kommen kann. Um die Qualität zu überprüfen, hat er aus jeder Maschine 100 Brötchen nachgewogen.

Gewicht in g	45	46	47	48	49	50	51	52	53	54	55
Anzahl Maschine 1	2	3	9	11	13	23	16	9	8	4	2
Anzahl Maschine 2	0	1	2	4	11	32	30	13	5	2	0

a) Bestimme für beide Maschinen das arithmetische Mittel des Gewichts.

Bei Maschine 1: ____ g Bei Maschine 2: ____ g

b) Bestimme für beide Maschinen den Zentralwert des Gewichts.

Bei Maschine 1: ____ g Bei Maschine 2: ____ g

c) Bestimme für beide Maschinen den Modalwert des Gewichts.

Bei Maschine 1: ____ g Bei Maschine 2: ____ g

d) Zeichne für beide Maschinen jeweils einen Boxplot. Nutze die Hilfslinien.

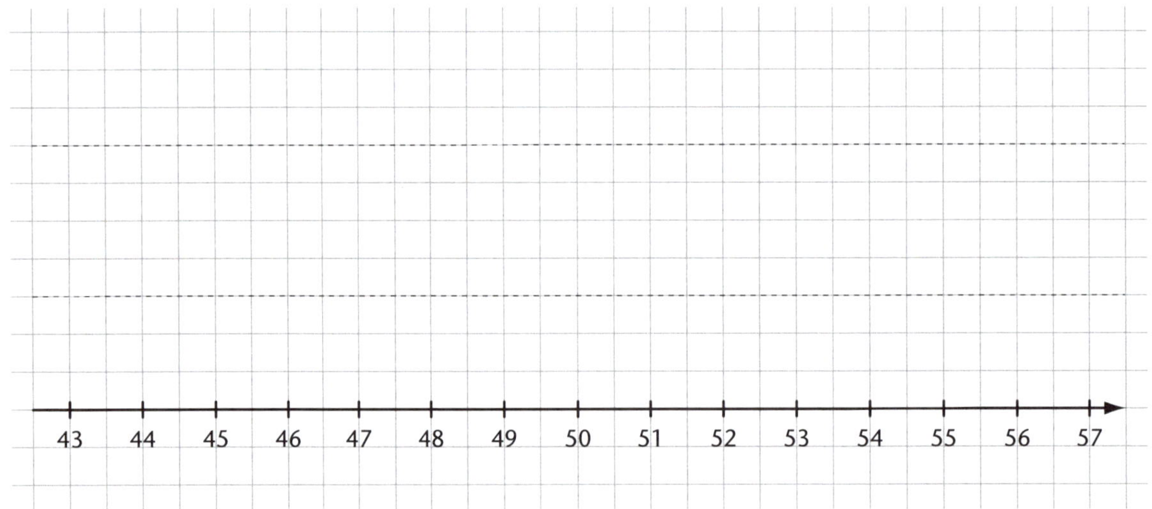

e) Alle Brötchen, die mehr als 3 g von 50 g abweichen, fallen durch die Qualitätskontrolle. Wie viele sind das jeweils?

Maschine 1: ____ Brötchen Maschine 2: ____ Brötchen

2 Alexander hatte in sieben Vokabeltests folgende Fehlerzahlen:

Test 1	Test 2	Test 3	Test 4	Test 5	Test 6	Test 7
5 Fehler	3 Fehler	1 Fehler	0 Fehler	6 Fehler	4 Fehler	2 Fehler

a) Wie viele Fehler hatte Alexander durchschnittlich? ____________

b) Nach dem zehnten Test hat er eine durchschnittliche Fehlerzahl von genau 2,5. Wie viele Fehler hatte er im achten Test, wenn er im neunten Test 2 Fehler und im zehnten Test keinen Fehler hatte?

____

Statistische Daten 3

1 Johannes von Hohenwalde muss für sein Schloss neue Filzschuhe kaufen. Da häufig Schulklassen zu Besuch kommen, bittet er seine Kinder Joshua und Jana, in ihrer Klasse 6 a die Schuhgrößen der Mitschüler zu ermitteln.

Klasse insgesamt:

Schuhgröße	35	36	37	38	39	40	41	42	43	44	45
Anzahl Schüler	1	0	6	5	7	4	5	3	1	0	1

Mädchen:

Schuhgröße	35	36	37	38	39	40	41	42	43	44	45
Anzahl Mädchen	1	0	5	4	3	3	2	0	0	0	0

Jungen:

Schuhgröße	35	36	37	38	39	40	41	42	43	44	45
Anzahl Jungen											

a) Die Einzeldaten für die Jungen waren verloren gegangen. Fülle die Tabelle aus.

b) Stelle die Werte jeweils in einem Streifendiagramm dar.

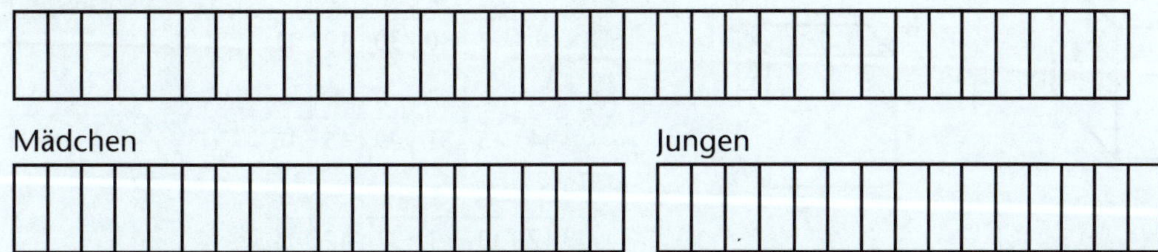

c) Stelle die Daten in einem Stabdiagramm dar. Wähle für die Mädchen rote, für die Jungen blaue und für die Klasse insgesamt schwarze Stäbe.

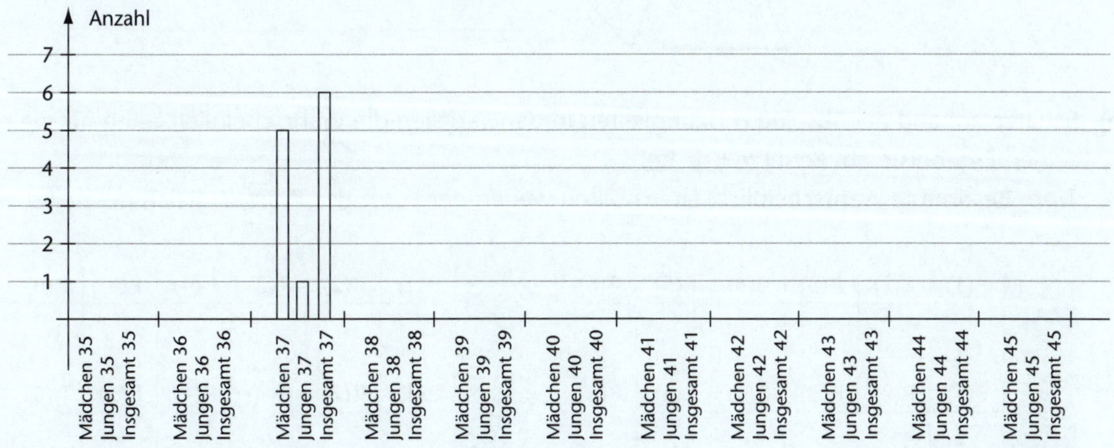

d) Berechne zuerst. Trage den Median jeweils in der entsprechenden Farbe in das Stabdiagramm ein. Gehe beim Mittelwert genauso vor, verwende aber eine gestrichelte Linie. Markiere auch die Modalwerte.

	Mädchen	Jungen	insgesamt
Median			
arithmetisches Mittel			
Modalwert			

Wahrscheinlichkeitsrechnung 1

1 Färbe die Würfelnetze so, dass sich nach einem Zusammenbau die entsprechenden Wahrscheinlichkeiten ergeben würden.

a) 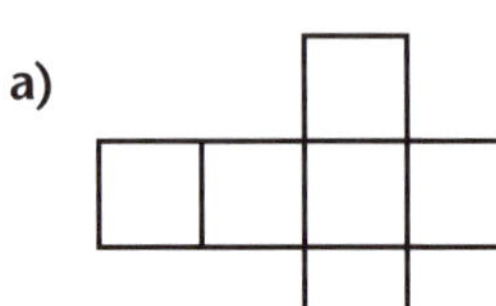

$P(\text{rot}) = 0{,}5$

$P(\text{gelb}) = \frac{1}{3}$

$P(\text{grün}) = \frac{1}{6}$

b) P(rot) = P(gelb) = P(grün)

P(blau) = 0,5

c) 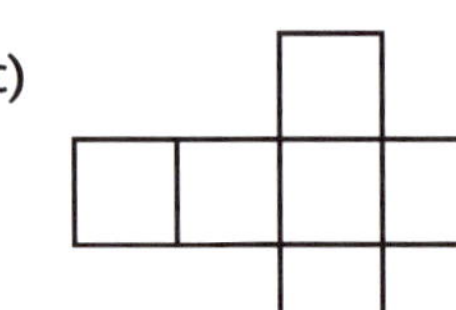

$P(\text{blau}) = \frac{2}{3}$

$P(\text{rot}) = \frac{1}{3}$

d) P(gelb) = P(blau) = P(rot)

2 **a)** Lena und Tilmann haben verschiedene Würfel getestet. Sie haben jeweils 120-mal gewürfelt. Leider haben sie nicht aufgeschrieben, welcher Würfel zu welcher Strichliste gehört. Kannst du helfen? Die Augensumme auf gegenüberliegenden Seiten beträgt immer 7.

A
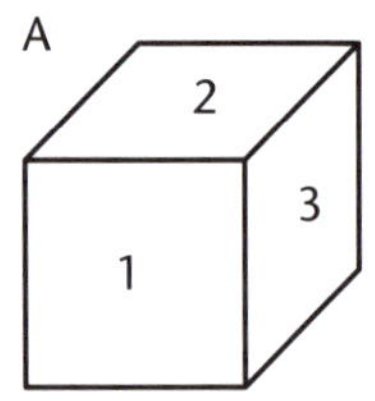

B
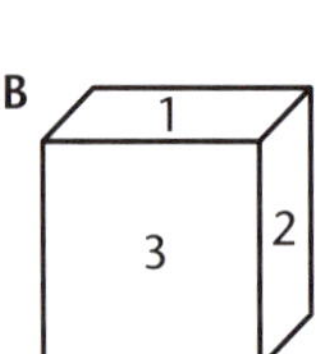

C

2

3

1

D
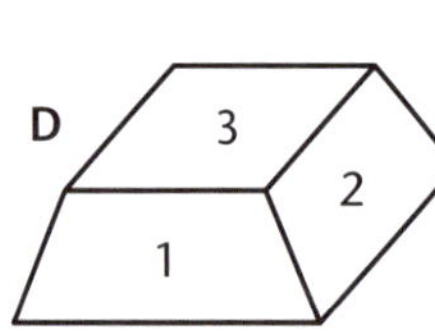

	1	2	3	4	5	6
1	9	21	30	30	19	11

	1	2	3	4	5	6
2	14	15	31	29	15	16

	1	2	3	4	5	6
3	12	13	41	31	12	11

	1	2	3	4	5	6
4	20	18	22	19	21	20

	Würfel
1	
2	
3	
4	

b) Schätze anhand der absoluten Häufigkeiten in den Tabellen die Wahrscheinlichkeiten für die einzelnen Ergebnisse ab. Benutze Brüche.
Tipp: Bestimmte Wahrscheinlichkeiten sollten wegen der Form des Würfels gleich geschätzt werden.

	P(1)	P(2)	P(3)	P(4)	P(5)	P(6)
A						

	P(1)	P(2)	P(3)	P(4)	P(5)	P(6)
B						

	P(1)	P(2)	P(3)	P(4)	P(5)	P(6)
C						

	P(1)	P(2)	P(3)	P(4)	P(5)	P(6)
D						

c) Welchen Würfel würdest du wählen, wenn es darum geht….

… eine 1 zu würfeln?

… eine ungerade Zahl zu würfeln?

… eine durch 3 teilbare Zahl zu würfeln?

… eine Zahl größer als 3 zu würfeln?

... eine gerade Zahl zu würfeln?

… eine Primzahl zu würfeln?

… keine 3 zu würfeln?

… eine Zahl kleiner als 5 zu würfeln?

Wahrscheinlichkeitsrechnung 2

1 In den Urnen a, b, c ist die Anzahl der grünen Kugeln bekannt. Färbe die übrigen Kugeln entsprechend den Wahrscheinlichkeiten. Fülle jeweils die Lücke aus. Bei Aufgabe d) musst du selbst herausfinden, wie groß die kleinstmögliche Kugelzahl ist.

a)

P(grün) = ___

P(blau) = $\frac{1}{6}$

P(rot) = $\frac{1}{4}$

P(gelb) = $\frac{1}{3}$

P(weiß) = ___

b)

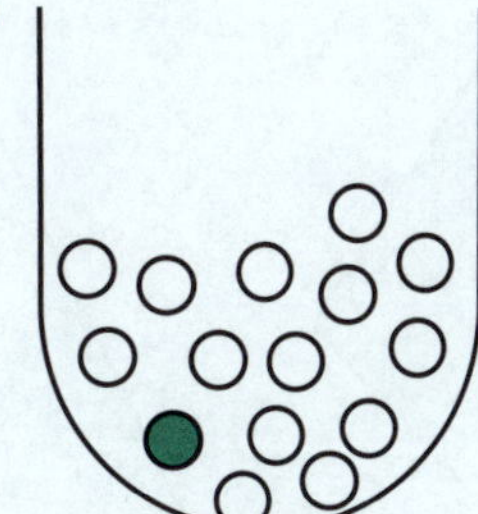

P(grün)= ___

P(blau) = 20 %

P(rot) = 0,4

P(gelb) = $\frac{1}{3}$

P(weiß) = ___

c)

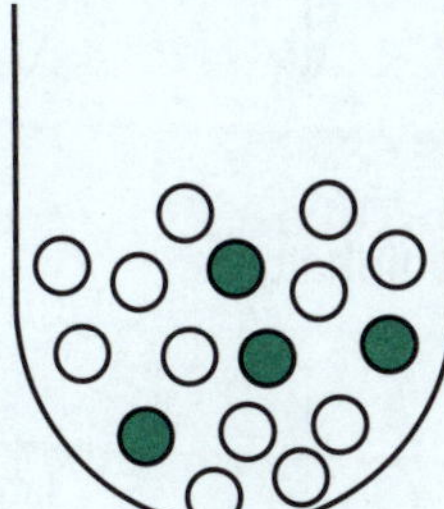

P(grün) = ___

P(blau) = $\frac{1}{16}$

P(rot) = 12,5 %

P(gelb) = 50 %

P(weiß) = ___

d)

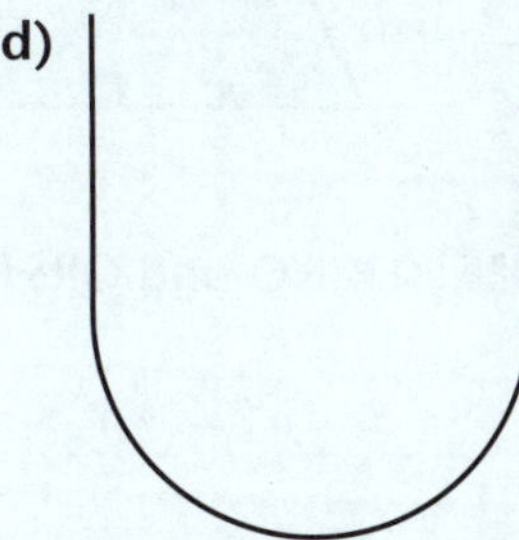

P(blau) = $\frac{1}{10}$

P(rot) = $\frac{1}{5}$

P(gelb) = $\frac{1}{6}$

P(weiß) = $\frac{1}{15}$

P(grün) = $\frac{1}{3}$

P(schwarz) = $\frac{2}{15}$

2 Bei einem Schulfest findet eine Verlosung mit einem Glücksrad statt. Der Einsatz pro Spiel soll 1 € betragen. Dabei will die Klasse 6 a auf Dauer weder Verlust noch Gewinn machen.
Ordne die Gewinnpläne den passenden Glücksrädern zu und beschrifte dabei die Glücksräder mit den entsprechenden Preisen.

A

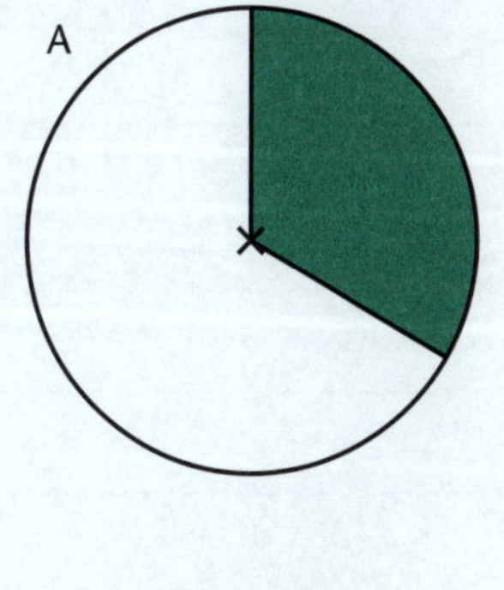

B

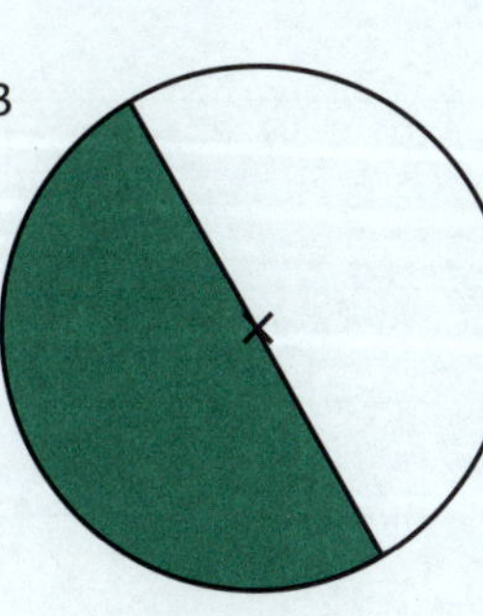

C

D

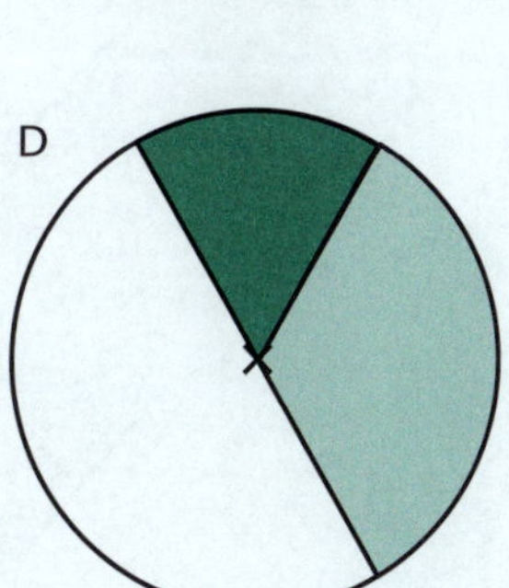

1
1. Preis: 4 €
2. Preis: 1 €
Niete

2
Preis: 3 €
Niete

3
Preis: 2 €
Niete

4
1. Preis: 2 €
2. Preis: 1 €
Niete

Flächeninhalte 1

1 Bestimme den Flächeninhalt der Figur.

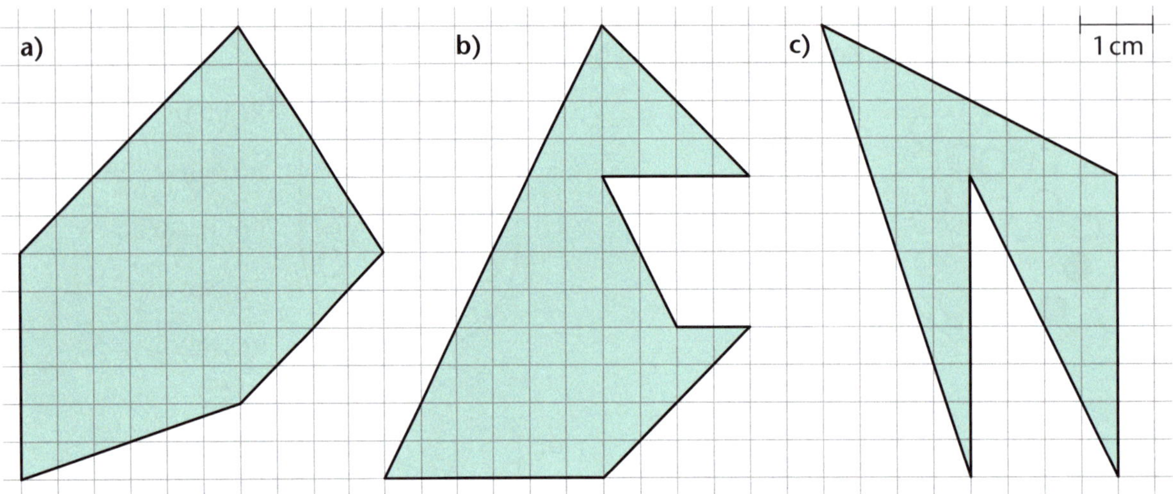

2 Zeichne die Vielecke ABCDEF, KLMNO und QRSTU und bestimme ihren Flächeninhalt.

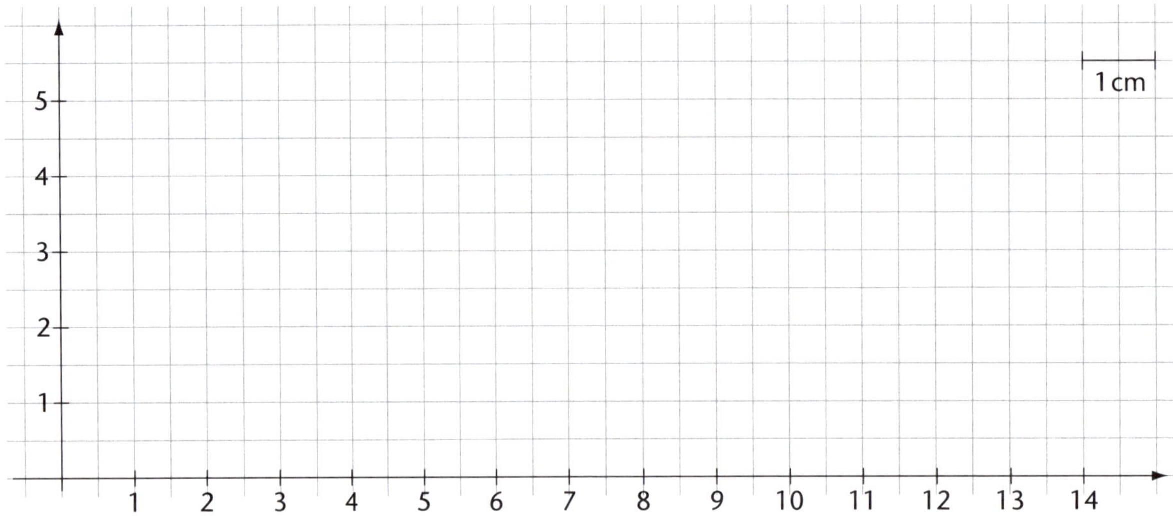

a) A(1|1); B(2|1); C(2|4); D(4|4); E(4|6); F(0|4) ______

b) K(5|0); L(10|1); M(10|5); N(7|4); O(5|6) ______

c) Q(11|1); R(14|0); S(15|3); T(14|7); U(12|6) ______

3 Miss und berechne den Flächeninhalt.

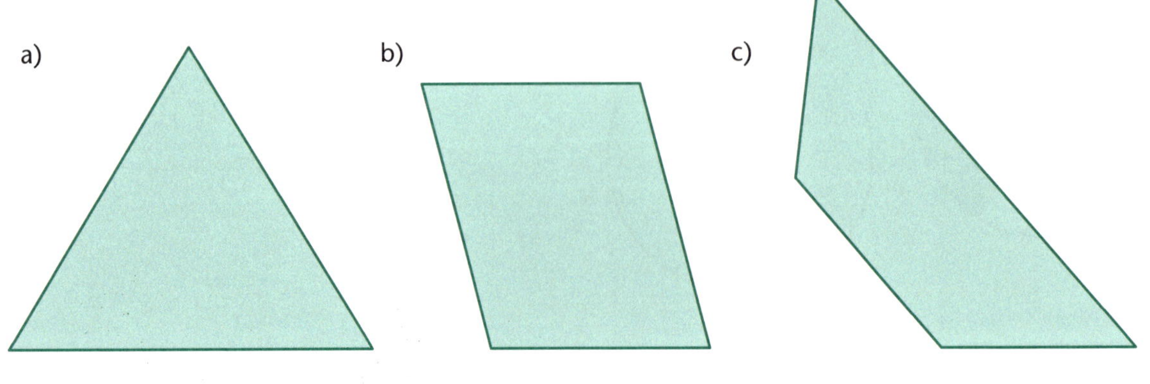

Flächeninhalte 2

1 Fülle die Lücken in den Tabellen aus. Alle Maße sind in cm bzw. in cm² angegeben.

a)

Rechteck		
a	b	A
6,2	4,5	
1,8		5,4
	2,8	9,8

b)

Parallelogramm		
g	h	A
4	3,2	
3,6		9
	4,7	23,5

c)

Dreieck		
g	h	A
6,4	3,5	
7,6		15,2
	5	22

d)

Trapez				
a	c	m	h	A
6,2		4,8	2,5	
8,4	5,6		6,3	
6,8			4,5	25,2

2 Zeichne die Vielecke und bestimme ihren Flächeninhalt.

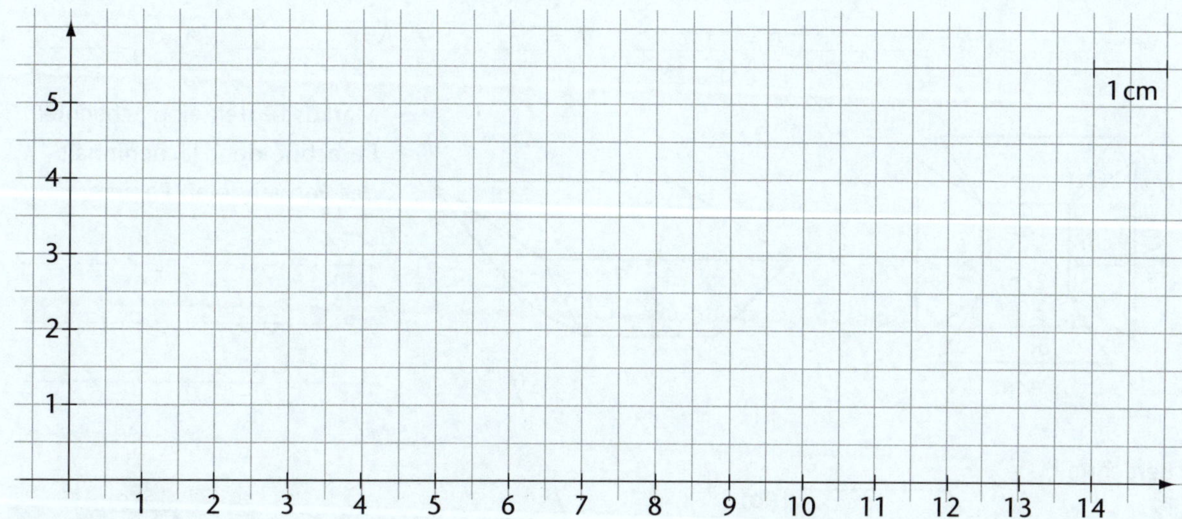

a) A(0,5|2,5); B(5|0,5); C(4,5|5) __________

b) E(6|0,5); F(9,5|1); G(10|4); H(6,5|3,5) __________

c) K(10,5|0,5); L(15| 5); M(12,5|5); N(10,5|3) __________

3 Zeichne die skizzierte Figur. Bestimme den Flächeninhalt. Miss die dazu benötigte Größe.

a) Skizze:

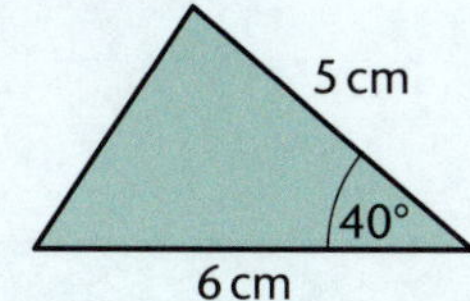

b) Skizze:

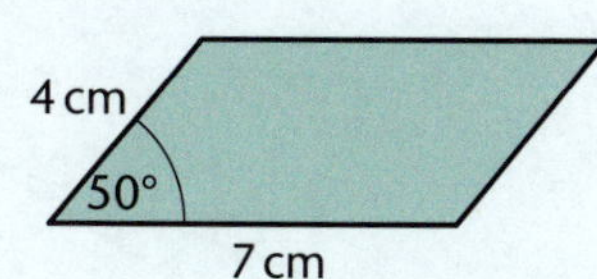

__________ __________

Flächeninhalte 3

1 Das Spiel „Alle Neune“ konnte man im späten 19. Jahrhundert kaufen.
Mit seinen Steinen waren dann verschiedene Figuren zu legen. Zwei Beispiele sind abgebildet.

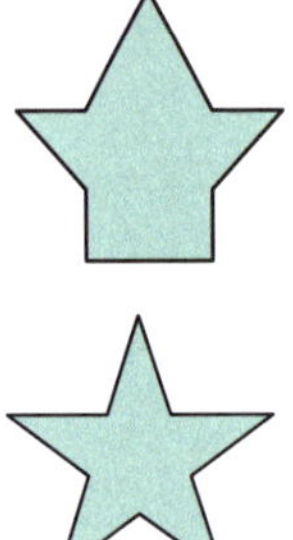

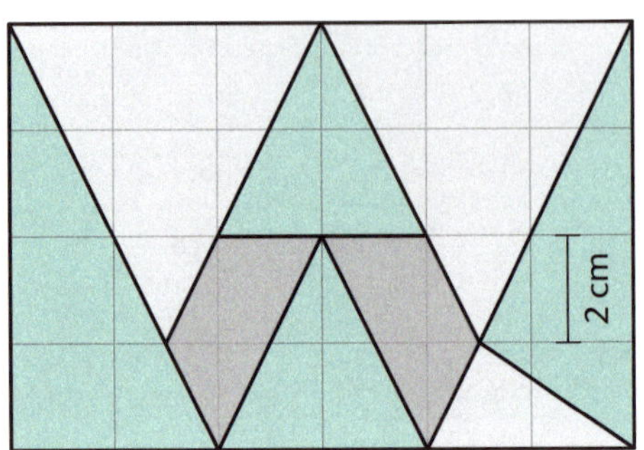

Bestimme den Flächeninhalt der einzelnen Spielsteine.

 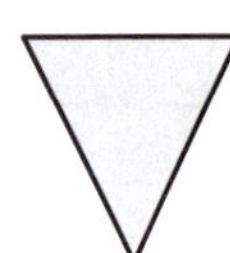    

A = ________ A = ________ A = ________ A = ________ A = ________ A = ________

2

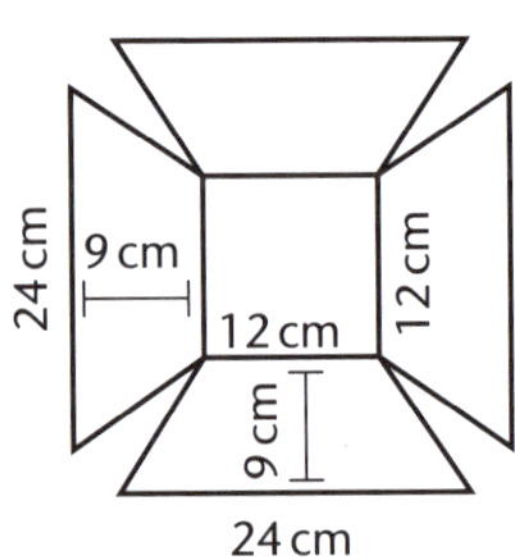

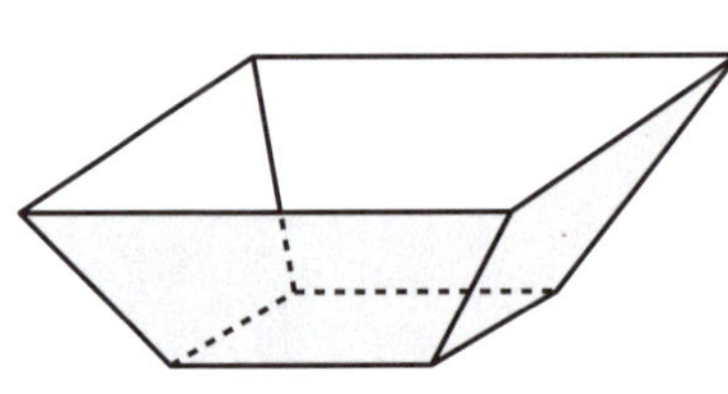

Markus bastelt eine Schachtel.
Berechne den Flächeninhalt des verwendeten Papiers.

____

____

____

3 Berechne h.

a)

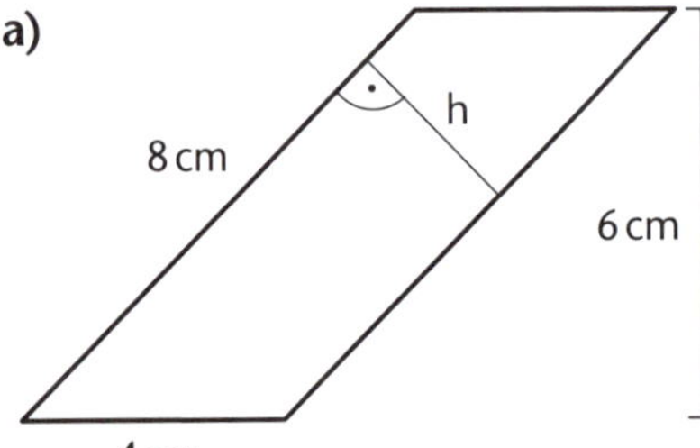

h = ________________

b)

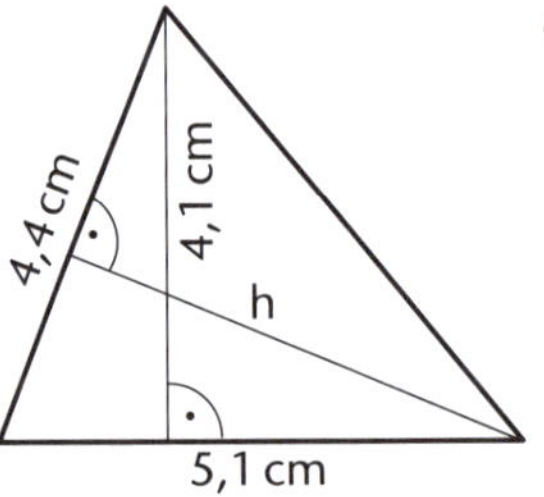

h = ________________

c)

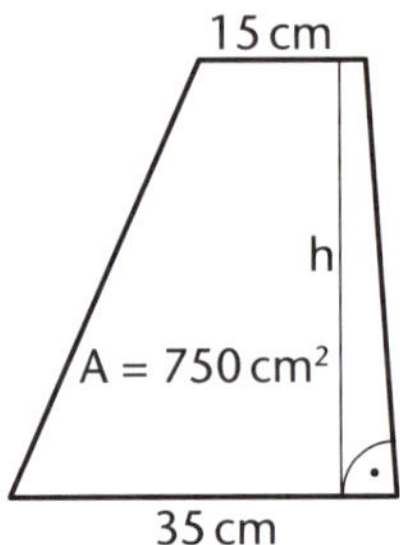

h = ________________

4 Bestimme A.

a)

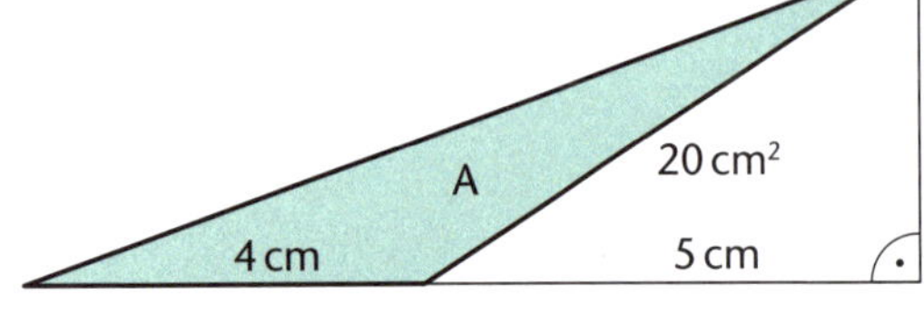

____

____

b)

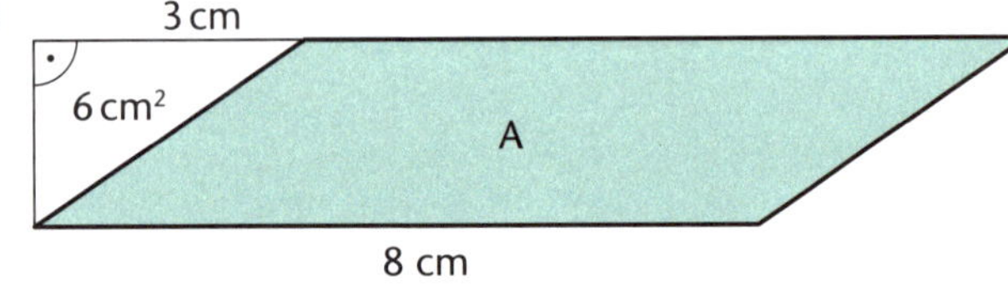

____

____